小資CEO創業必修課

低風險、高幸福感致富術，興趣也能成爲獲利事業

Minifeast 創辦人
張譯蓁　著

自序

將近十年前創業、創立品牌的時候，其實並不知道該怎麼做，該怎麼走可以讓品牌走得長久，該怎麼經營可以讓事業養活自己。一路碰撞，花了很多不該花的錢當作繳學費，走了很多不該走的路，當做累積經驗，但說實在的，冤枉路走多了很消磨心志，我覺得自己很幸運，在發生這一切後還可以撐到現在。

二十四歲的時候，因爲合夥糾紛打了人生第一次官司，那是品牌最低潮的時期，半夜醒來就是哭，但這也是我第一次開始覺得，曾遭遇到的這些都應該讓更多人知道，畢竟創業過程中眞的有太多「早知道」，如果我更早知道怎麼做，品牌也許就不需要花十年的碰撞才能來到今天。

我開始把創業經驗分享給金工工作室的學員，看到學員因爲有了帶領、有了步驟，不需要亂竄就能有好的成果，帶來更多信心與堅持，覺得自己做對了！就延續著有了《興趣變副業！打造自己的手作品牌》這個線上課程，線上課程經營兩年多，感覺到關於成立品牌的步驟已經比較完整，但透過一些課程後的工作坊，實際跟學員聊天討論，發現其實創業還是有許多核心概念需要更穩固，才能在後續品牌建立後，有足夠的厚度可以長久經營，而有了寫這本書的想法。

我的創業方式完全不看 SWOT 分析之類的去評估優劣勢和機會，只是很單純要讓大家找到自己眞正很有興趣、充滿熱情的事物，「持續做自己很喜歡的事」就會被對的消費者看到，這是一個很舒適的創業狀態，也許正在看這本書的妳/你也會喜歡，不管任何事，都可以透過「品牌」包裝成爲一個「事業」，進而讓我們能過自己理想的生活。

最後謝謝台灣東販出版社給我這個機會，謝謝編輯玉瑤給我全力的幫忙！謝謝先生祿禎總是給我指引，當我人生和事業的顧問，讓我隨時有能量可以當別人的顧問；謝謝寫這本書的時候還在肚子裡的女兒 Murphy 和家貓點點給我的支持。也特別感謝我的學員，因爲有他們成功的樣子，讓我更有信心可以把自己的創業想法分享給更多人！

張譯蓁

Part 1 創業前的準備

Part 2 打造自己的品牌

Part 3 成功案例分享

Part

1

創業前的準備

- 創業前的自我檢視
- 找到自己的興趣
- 打破舊有想法
- 培養必備能力
- 經營品牌的心中的一把尺
- 創業祕密

創業前的自我檢視

創業沒有百分之一百成功的公式，據統計，一般民眾創業一年內倒閉高達90%，能撐過五年的企業只有1%，換言之，有99%以上的創業都會失敗。

看似成功機率很低，但透過目標確立、自我檢視，秉持「小資創業」精準控制資金，我仍然相信成功率其實不低，且只要跟著正確的方式，任何人，總有一天都會走到想去的地方。

關於斜槓人生

「斜槓」這個詞在這幾年開

始頻繁出現。「斜槓青年」源自於英文「Slash」，在《紐約時報》專欄作家Marci Alboher所撰寫的《不能只打一份工：多重壓力下的職場求生術》書中出現，「斜槓」意指不只專心做一份工作，而是有不同身分和職業。

坦白說，在二〇一一年大學剛畢業，要同時找份工作，和創業做自己的銀飾品牌時，從來沒想過會有一個屬於這個狀態的代名詞。對我來說，只是想在討生活、賺取生活費的同時，可以做一些喜歡的事情。

後來我找了一份一週上班兩天的打工，同時開始經營自己的品牌。經營品牌這件事本身就是一個斜槓概念，從來無法只專心做一件事，你要開發商品、幫商品拍照、思考怎麼賣出去，然後還要理解勞健保制度、有基本法律知識。你就是一間公司，你既是小編、客服、執行長，同時還是產品開發，看起來忙碌，但對我來說實在是太棒了！我討厭一直做同樣一件事，像是每天上班八小時，一直重複回覆客人訊息，或是整天一直拋磨製作銀飾，一週五天工作內容大同小異。

創業Tips

- 「斜槓」意指不只專心做一份工作，而有不同的身分和職業。
- 經營品牌本身就是斜槓概念，你從來無法只專心做一件事。
- 你準備好擁有這樣的自由與彈性，並擁有足夠的條件，可以隨時調整人生，把時間放在最重要的人、最在乎的事上面了嗎？

我喜歡這種生活，可以創作、擔任危機處理專家、還可以是決策者和執行者，好像沒有對工作內容厭倦、厭煩的一天。

在這之前，我曾經體驗過擔任「正職人員」短短三個月的時間，比起那段日子，創業後的人生讓我感到無比「自由」與「彈性」。

家裡曾有長輩住院住了兩個月，那兩個月我幾乎待在醫院，不用跟老闆請假，不必看主管臉色，不會造成同事困擾，迅速調整工作排程，安心在醫院照顧家人。

兩個月相當於六分之一年，我相信很多人如果遇到相同狀況，不得已需要照顧家人的時候，只有離職一個辦法，這次經驗是一個不小的震撼，讓我更相信可以透過我的方法，讓更多人擁有這樣的自由與彈性，擁有足夠的條件，可以隨時調整人生，把時間放在最重要的人、最在乎的事上面。

我適不適合創業

對我來說，從來沒有「適不適合創業」眞正的問題是「你到底有多熱愛______呢？」自由塡上你想創業的項目，不論哪種服務、哪種類型的商品或業種。

絕對不是擁有足夠資金就能創業成功，許多人的創業是抱著「投資」心態，只是剛好累積了一筆金錢，就覺得可以投入某個行業試試看，常見的可能是投資一家飲料店，或是批一些商品賣賣看。這也是爲什麼有很多人會說：「創業99%都會失敗」這是因爲大家弄錯創業的本質，「創業」其實跟「投資」沒有關係。

你「熱愛」咖哩飯嗎？

這是我很喜歡的例子，很多人喜歡吃咖哩飯，但是眞的有到「熱愛」的程度嗎？

你願意測試幾十種香料的排列組合，每天晚上從香料、蔬菜中翻炒出新火花，整整連續試一百天，成功測試出只差了1公克就口味完全不同的絕佳滋味嗎？

還是你只是想投資一家簡餐店，覺得咖哩飯最方便。只要把現成的咖哩塊加上蔬菜、肉塊燉煮，還可以分裝冷凍，等客人點了再加熱，只要準備熱騰騰的白飯就好。

可以感受到其中的差別嗎？

創業初期，最需要「熱情」和「時間」，與資金、能力、時空背景、現實因素等等沒有絕對關聯，重點在於你有多想達到這個目標？

當然，也因爲這個「有多想」而有了適不適合的差異，建議先做自我評估表，替自己打分數，再看看你適不適合創業。

創業跟與大多數人認爲的創業（投資）有什麼差別？

	創業	大多數人認爲的創業（投資）
契機	可以不受限制，自由做喜歡的事。	擁有足夠資金就投入某個行業試試看。
心態	用「熱情」和「時間」達到目標。	輕輕鬆鬆等待收益。
實際付出	夢想、執行力、時間、體力。	資金。

創業自我評估表			
我急切地希望可以擁有自我支配時間的人生，不用打卡上下班。	□	如果做我喜歡的事情，我能熱衷於其中，就算它變成一個工作或任務。	□
我願意爲了達到這個目標，犧牲現在的下班時間（如現在有正職工作）。	□	如果確立了目標，會想盡辦法達到。就算需要花費時間學習、鑽研、測試，我願意付出這些努力。	□
我下定決心想做的事情，不用別人催促也可以完成。	□	如果遇到難題或問題，我願意努力解決，不會習慣躲開問題。	□
我是一個還算「自制」的人，例如期限前該完成的事情不會拖延。	□	如果給自己訂出挑戰，我會堅持到底，不容易放棄。	□
我願意把我的人生付出給這個事業。	□	如果我下定決心創業，我不會讓它有失敗的機會。	□

以上爲基礎自我評估表，每打一個勾給自己10分，滿分100分。

很多人說：我眞的很想創業，也想成功換取自由的生活、做喜歡的事情。

但是，我覺得目前下班後就只想要好好休息

↓那其實沒那麼想

但是，我蠻會拖延的，需要別人監督我才行

↓那其實沒那麼想

但是，興趣變成工作，我可能就沒那麼喜歡

↓那其實沒那麼想

但是，要花時間學習和研究，我好像沒辦法

↓那其實沒那麼想

但是，如果遇到很難解的問題，也許就算了

↓那其實沒那麼想

但是，遇到阻礙，應該會放棄原本的堅持

↓那其實沒那麼想

但是，出去玩、享樂一定比這個事業重要

↓那其實沒那麼想

可能遇到挫折，事業失敗就放棄了

↓那其實沒那麼想

所以，你到底有多想要到達這個目標呢？

我問過學員，如果可以不受限制，自由選擇喜歡做的事，最想一直做下去的事情是什麼？結果得到大多是「睡覺」、「躺著不動」這類的答案，那就好好的睡吧，不用想太多創業的事。

我聽過一個說法：「對創業者來說，擁有一份正職工作，正常上下班的生活，其實是在『休息』。」你知道嗎？創業者不用打卡上下班了以後，也同時失去打卡下班的自由。任何時刻，你都必須爲你的事業、品牌負全部責任，不像受雇一份工作，下班就可以放鬆休息。

沒錯！創業是責任制！雖然可以規劃休息時間，但是那份責任與義務是永不止息的。

創業絕對不是無所事事，輕輕鬆鬆當老闆、數鈔票就可以。創業需要有夢想、有執行力，願意花時間成長、花時間苦練。所以，你適合創業嗎？

從一盤簡單的咖哩飯裡，可以看到製作者投注多少心力，與此同時也決定了創業的成敗。

創業對現在的生活有影響嗎？

從一開始，我就是一邊打工、一邊創業做品牌，這對我來說是影響最小的一個辦法，不用擔心如果今天事業0收入，就要開始吃老本。開始創業一段時間之後，若是發現不如預期，就可以考慮是否放棄，開始找工作。

一直以來我比較推薦從「副業」開始的創業模式，只要副業收入穩定超過正職工作或打工收入，就可以把「副業」轉爲「主要事業」，這是一個保守也不冒險的做法，好處是心理壓力比較小，可保有過去生活方式，心情也不會因創業受太多影響。相反地，如果一天到晚擔心斷炊、要吃土了，那越擔心的事情越容易發生。

從副業開始，又保有正職工作，最大的考驗就是「體力」和「心力」了，我認識的許多創作者，他們大多都還是朝九晚五的上班族，所以通常晚上趕製作品，週末到市集販售；或假日趕工，在線上販售，利用平日中午午休跑郵局、超商出貨，通勤時間就變成跟客人聯繫、對帳的客服時間。

	正職工作＋副業創業	正職創業
收入來源	正職收入＋創業收入	創業收入
金錢壓力	壓力較小（正職收入可以維持開銷）	壓力較大（創業收入0就等於吃老本）
經營時間	較短（正職以外的零碎時間）	較長（全職投入時間自由安排）
建議提醒	會是「體力」和「心力」的考驗	需要更有計畫性的執行創業排程

我眞心很佩服他們，不管是體力或心力都有過人之處。而這麼辛苦的日子，很快會因爲付出的時間有所收穫，進而可以轉變原本的工作模式。

有人用留職停薪、有人把握育嬰假，或是把工作轉換成強度較低、不需要加班的工作，甚至轉爲兼職或接案。這樣漸進式的工作轉變，比較不會造成太大影響，而且也能一邊確保還有其他收入來源，安心衝刺事業。

聽到創業的學員告訴我「準備離職了！」是我最高興、最有成就感的時刻，代表事業已經穩定了，營業額、利潤也超過原本固定領的薪水，正式變成一名專職品牌經營者。所以我持續鼓勵大家從「副業」開始，留一些時間給自己摸索、學習、成長，而不是「狠心」地把自己拋在一個未知的領域，那眞的太冒險。

有人會問說：「如果我有存款，大概一年沒有收入也沒關係，這樣適合沒有任何工作、打工、接案，把時間全部拿來做自己的事業嗎？」

如果可以，我還是建議最好

創業Tips

如有正職工作，同時進行副業創業，請與公司確認是否有「兼職」相關規定。如與原公司業種相同，也要注意是否有競業條款，就算沒有，也要尊重公司資源與資產，明確劃清界線，不誤用、盜用公司資源。

有一份固定的收入，來減緩創業期間的壓力。當然如果給自己一段時間試試，再重新找工作也可以，但就要比摸索嘗試的人更有計畫性執行創業排程，才能在一定時間內看到成果。

適合創業的五種人格特質！沒想到看似缺點反而是優勢

創業這條路上，我發覺許多創業穩定成長或是已經很成功的人，或多或少都有這些特質。有些特質甚至是「小時候會被大人唸的缺點」。

這五個缺點分別是：自我感

試著寫下目前的狀態，分析規劃出屬於你的創業道路。

工作狀態	一份正職工作
資金狀況	大約有 1 萬元資金
月薪薪資	3 萬元
時間調控	下班後 3 小時＋假日整天

近期規畫	中期規劃	長期規劃
利用下班後的空閒時間開發商品、製作商品、經營粉絲社群、包貨出貨，假日到各個市集擺攤累積經驗與客源。 1 萬元資金可以用於商品材料、包裝與網路上架等開銷。	品牌營業額第一次達到正職工作的薪資金額，爲此歡呼！並持續努力爲品牌衝刺，慢慢讓營業額達到穩定。	品牌營業額趨近穩定，有固定客源與知名度，可以準備離職爲品牌考慮進一步的規劃。

覺良好、做事橫衝直撞、思考不周全、一心多用、固執。是不是覺得有點熟悉呢？聽起來都是討人厭的特質，也未必是創業必備個人特質或條件，但是可以從這些「缺點」找出隱藏其中的創業優勢。

一、自我感覺良好

缺點：過度自信、不討人喜歡

優點：具備創業需要的自信心

自我感覺良好的人，在不會過度的前提下，對自己的選擇、決定還算有把握，不需經常聽從別人建議，就知道要什麼。對自己和商品很有信心，覺得自己的商品就是很不錯，這也是對自己事業的一種「信任」。

很多人對自己或是商品缺乏信心，只要有新作品，就因爲自信心不足，總是給予自己負面評價，導致商品難產，或事業遲遲無法有新進展。

常見的情況就是品牌初期有些商品可能還沒有達到百分百完美，自我感覺良好或自信心比較足夠的人，會很願意拿到市場上

新產品直接上市接受消費者測試，可得到眞實且有用的回饋，幫助品牌更進步。

計畫做得太過完整，有時反而趕不上市場變化，創業其實有時憑的是一股衝動。

販售、試驗，相對地，比起希望慢慢等到商品百分百完美才開始販售的人來說，自我感覺良好的人前進得更快。

直接面對銷售市場，讓商品接受測試，得到消費者建議，再根據市場回饋，對商品做後續調整，這樣有助事業進步得更快。

二、做事橫衝直撞

缺點：莽撞，沒規劃好就行動

優點：具備比較強的「行動力」

做事情橫衝直撞，沒有完整規劃就做了，想到什麼直接動手開始執行，看起來真的很「莽撞」，但這種特質也造就極強的行動力。那個出現小燈泡靈光一閃的時候，可能在當天就已經想好要怎麼執行下去，然後不顧一切開始做了。

相較於謹慎行事、需要多番嘗試與練習才行動的人，橫衝直撞的人能更快找到方向、獲得解決辦法，也更快知道這件事值不值得繼續努力下去。

是那種不趕快做就怕忘記，或當天沒做就不了了之，所以特別需要把握時間，迅速執行。

或是想到新想法，如果不優先執行，做其他事會心不在焉。也因爲這樣的行動力，值得被實現的想法不會漏掉。這樣特質的人走得很快，成長也很快！

三、思考不周全

缺點：思考太少、不周全

優點：不會因爲「想太多」一直停留在原地

　沒有想太多，總是先做了再說。跟橫衝直撞差不多，但比起思考周全，想準備得更完整才推出品牌的人，可能早一到二年，甚至是三至五年就可以將品牌做起來了。

　想太多的人會說：「我要把商品做到最好，就連行銷企劃都要準備好再開始。」但是，市場一直在變，當你花了很多時間研究某個社群才要啓動時，會發現那種行銷方式可能過時了。一個品牌永遠有進步空間，因此永遠沒有準備好的時候。

　思考不周全不只是字面意思，不周全是誇張了些，其實是要「快、狠、準」，不要過度思考而不行動。思考不周全加上行動力，是需要練習的。

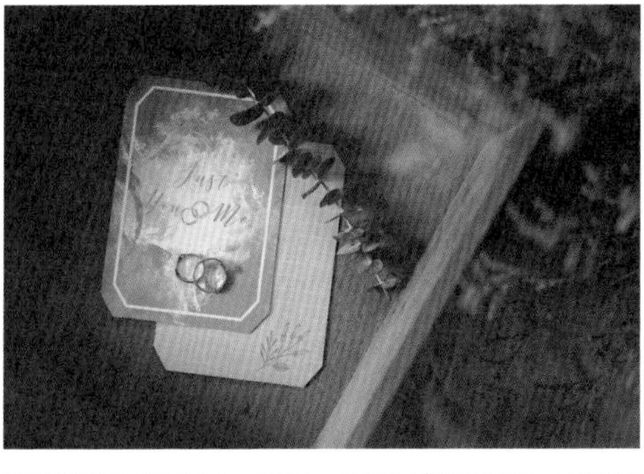

創業無法只專心做一件事，不只要想怎麼賣，有時連攝影、行銷都要邊學邊做。

四、一心多用

缺點：一心多用，沒辦法專注做好一件事
優點：經營品牌很難只做好一件事，必須面面俱到

一心多用的人不擅長只專注做好一件事，容易分心，每種會一點點，對每件事情都有一點興趣。但也剛好能力分散，符合創業需求「什麼都要會一點點。」例如：對數字有點興趣，需要控制成本營收；對商品有點興趣，熱衷開發新商品、製作商品；對行銷有點興趣，想學習怎麼透過不同方式推銷商品；對攝影有點興趣，覺得拍攝商品、尋找適合的攝影道具、構圖也是一種樂趣。

商品做一做也會膩，剛好可以處理別的事情，雖然只經營一個事業，但卻紮紮實實地過斜槓生活。比起只想專注做好商品的人、碰到數字就很痛苦的人，能夠一心多用的人，更適合一人創業。

五、固執

缺點：固執己見，聽不進別人的建議
優點：知道自己要什麼，相對也很堅定

想做什麼沒人可以阻止，有人想阻止也阻止不了。固執的人想幹麻就幹麻，對於自己的事很堅持，對於美感很堅持，對於想做出來的商品很堅持，對於自己想呈現的品牌樣貌很堅持。別人說不好不一定聽得進去，總之，固執得要命。

但是，因爲知道自己要什麼，會守護自己想要的，所以經營品牌的過程會很堅定，不容易被外力影響而停滯或放棄，比較容易帶品牌走更遠。

不夠固執、堅定的人，最容易被周遭的人影響，例如擔心家人、朋友不看好自己創業，不支持自己的決定。相反地，固執的人就算家人不支持，也會爲自己想要達到的目標付諸努力。

以上五項特質，你具備其中哪幾項？雖然不是百分百成功的創業者都是這樣，而且對於這五種特質解讀也是誇大許多，但其實我真正想說的是，有些你自己都覺得是缺點或弱勢的地方，換個角度想，可能是一種優勢。而隱藏在這些特質中，其實也是我認爲創業、經營品牌最需具備的五大能力。

固執的人也對自己的商品有信心，且不易受周遭人影響而有放棄的想法。

自我感覺良好↓自信心

做事橫衝直撞↓行動力

思考不周全↓快速思考力、反應力、執行力

一心多用↓多元的技能、能力

固執↓堅持、堅定

這五大能力在後面章節會跟大家分享更多，如果現在認爲自己沒有具備這五大能力也不用太擔心，透過不同方式，可以在創業過程中陸續培養、增強這些能力。

不妨檢視自己缺少以上哪個「缺點」，找出你遲遲無法啓動創業的原因。再次提醒剛剛開始思考是否要「創業」或是創業初期的人，不要停在原地思考和準備，要持續往前，學著在過程中培養解決問題的能力。市場變化太快，自己、品牌和事業，沒有準備好的一天，只能先開始，再隨機應變。

作夢也是需要練習的！

作夢練習題：找一本喜歡的筆記本，詳細回答以下題目，越詳細越好。設想寫下來的內容會在未來的某個時間點實現。不用考慮資金問題、當下現況，寫下

認識自己具備的人格特質，你具備了幾項隱藏優點呢？

自我感覺良好	☐ 是	☐ 不是
做事橫衝直撞	☐ 是	☐ 不是
思考不周全	☐ 是	☐ 不是
一心多用	☐ 是	☐ 不是
固執	☐ 是	☐ 不是

創業五大能力	人格特質	缺點	優點
自信心	自我感覺良好	容易過度自信、不討人喜歡	具備在創業路途上需要的「自信心」
行動力	做事橫衝直撞	莽撞，沒有完成規劃就行動	具備較強的「行動力」
快速思考力、反應力、執行力	思考不周全	思考太少、不周全	不會因爲「想太多」而一直停留在原地
多元的技能、能力	一心多用	一心多用，無法專注做好一件事	經營品牌很難只專心做一件事，必須面面俱到
堅持、堅定	固執	固執己見，聽不進別人的建議	知道自己要什麼，相對也很堅定

真正想要的是什麼就可以了。

1.如果每個月有固定五萬元收入可支撐生活，不用煩惱錢，你最想做什麼事？

2.夢想中一天的生活怎麼過，幾點起床、做些什麼，一直到睡覺前的行程有哪些？

3.夢想住在什麼樣的房子，在什麼樣的空間工作？室內如何裝潢？用哪種風格的家具？

4.在人生中選一件事，是你願意持續做下去，而且對別人有一點點幫助，你覺得是什麼事呢？

5.如果有一個明確的願望，只要說出來就能實現，這個願望會是什麼？

把這五題慢慢地、認真地寫完答案，並當作你寫下的這些未來都會實現，當作你許的願望已經在實現過程中。

爲什麼要許願？爲什麼要寫下來？我在二〇一七年某天整理品牌開始以來的電子檔資料，無意間找到一個文件檔，是五年前寫的，也就是剛創業才一年，品牌什麼都還沒有的時候。在文件檔中我以文字，鉅細靡遺寫下夢想工作室的模樣，甚至包含要有幾張桌子、休息會客區要有沙發，還有每個區域的規劃。過了五年我對這份文件已經完全沒印象，但就在找到文件的幾個月前，我的第二間工作室剛剛裝潢佈置完成，竟然和文字裡描述得一模一樣。

後來我才慢慢理解，原來當時的文字是一種許願。

不管從哪個角度切入，如同巴西作家 Paulo Coelho《牧羊

把夢想中的生活或者工作空間，從風格、家具等，做一個具體的想像。

少年奇幻之旅》一書中「當你眞心渴望某樣東西時，整個宇宙都會聯合起來幫你完成。」指的「向宇宙許願」、「向宇宙下訂單」，或是「吸引力法則」，甚至是關於潛意識研究的理論，都支持這種做法：你必須勇敢許願、勇敢作夢！

也許你會覺得「這有什麼難的呢？」但大多數人，缺乏把願望描述得鉅細靡遺的練習。「我想中樂透！」、「我想賺大錢！」請問是怎麼中樂透呢？在什麼情況下購買彩券，詳細時間、地點、兌獎過程又是怎麼樣的？

你想賺大錢？多少錢？實際數字是多少？用什麼方式賺？「我想住漂亮的大房子！」，地點、樓層在哪裡？是大樓、公寓、透天厝還是獨棟別墅，周圍景觀又是怎麼樣的，每天過什麼樣的生活，裝潢是什麼風格，跟誰住？要買哪些家具？

不管五年前的願望，是被宇宙實現，還是被自己默默實現了，我知道許願是不痛不癢的付出，不用花一毛錢，也沒什麼損害，就試著把想要的寫下來，寫清楚，越清楚描繪越有幫助。

找到自己的興趣

假想：如果有人一個月給我五萬元？

很多人都曾有過創業的想法，但是一直拿不定主意要創什麼事業才好。

或跟我的學員們一樣，興趣廣泛卻沒有特定一種類型，例如喜歡手作，但不管做蠟燭、刺繡還是羊毛氈，好像都可以。如此一來，怎麼決定選擇哪一種做爲創業主軸？

我很喜歡這個思考的開端，就是假想：「如果有人一個月固定提供五萬元資金，可免除對資金的煩惱，你最想做什麼呢？」

有人原本想創立手作蠟燭品牌，但聽到這個問題，她覺得最想做的事是「旅行」。透過旅行留下記錄，分享給更多人關於旅行規劃、照片、影片、文字，這才是在「不用煩惱資金問題」的情況下，最想做的事，所以手作蠟燭其實並非她最大、最熱愛的興趣。

還記得前面提到關於「熱愛咖哩飯」這件事，在這裡選擇興趣時，如果只是覺得這個成本、門檻、難度不高，現在滿多人喜歡的、應該不會很難賣而做的選擇，那我在這裡要稍微大膽假設：「這個創業最後會失敗！」

所以你應該先找到眞正熱愛的那件事，不管如何願意花時間做的事、眞正感興趣的那件事！這裡有個陷阱，不一定要產出「實體商品」販售才算創業。雖然我的經驗是手作創業，但品牌的概念可以套用任何事業，除了「實體商品」外，可以是虛擬商品、服務、或任何能爲別人提供「價值」的行爲或物品。

創業興趣選擇

↓

因爲這個興趣成本不高、門檻不高、難度不高、現在滿多人喜歡、應該不會很難賣而做的選擇。

↓

大膽的假設：這個創業最後會失敗。

↓

這個興趣是不管如何都願意花時間做的事、眞正感興趣的那件事。

↓

才是眞正可以當作創業的興趣。

也就是說，不一定要開一家店、或著販售實體商品才叫作創業，撰寫部落格、接案、擔任家教或顧問、課程教學、成爲youtuber、開設線上語音頻道，都是創業的一種，一樣可以透過「品牌」來包裝這種抽象的商品或服務。

甚至，也許你會開創一個，市面上根本沒有的新產業。重點還是先釐清自己最大的「興趣」是什麼，再看看這個興趣，可以延伸變成什麼事業。

一輩子只能做一件事情？如果無法放棄別的興趣？

「眞的一輩子只能選一個嗎？」「我眞的喜歡刺繡和蠟燭，也喜歡瑜珈和旅行，我選不出來！」

常常遇到這樣的提問，但是卻有兩種截然不同的情況。一種是「每種都擅長且熱愛，無法放棄任何一項」，另一種是「我都滿有興趣的，但沒有很擅長，也沒有很了解」。

如果是第一種，那可以放心。其實並不是只能選一種創業，只能一輩子都做這件事情，然後其他事情都不能做。我在選擇金工銀飾創業之前，其實有另一個很喜歡做的事情，就是烘焙，甚至去應徵一個麵包店的工作，後來又找到在職進修的課程學習。

那時候我覺得販售親手做的甜點和銀飾都很浪漫，很享受製作過程，也很喜歡兩者的完成品都讓人感覺幸福。

我嘗試過兩種都開始接訂製單，一直到有一次花了一個下午，烤出大約二十包義式杏仁脆餅，營業額大約是一千元左右。

因為是以家用烤箱製作，來來回回進出烤箱很多次，大概做了一百多片才包了二十包。隔天我接了一個銀飾訂製字母項鍊的訂單，大約只花了半小時，營業額約是一千五百元，銀飾盈餘比餅乾還多。

我想接觸過烘焙的人應該理解，少量製作且少量購買好材料成本不低，而且很花時間。在這兩個訂單之後，我大概可以知道比較適合以金工銀飾創業，不過我從來沒想過就必須放棄烘焙。

在有了工作室之後，開始提供客人和學員自製茶點，有餅乾、水果甜塔，就連甜湯芋圓也自己動手做，甚至到後來每年的聖誕茶會，自己完成滿滿一桌的茶會甜鹹點心，邀請客人們參加。

我最後決定，保留烘焙的興趣，把它轉換成一種「行銷能力」，當成協助我完成所創事業的行銷活動，而不一定只是一個「實體商品」。

如果是第二種，還在「對很多事物感興趣，但是都還沒有很擅長」的階段，你需要的其實不是全部拿來創業，而是對每一個感興趣的項目，要有更深刻的學習和體會。你需要有更深入的學習、練習，才能知道自己是不是真的喜歡這件事情，而且不能只是學學皮毛。

曾經有個學員喜歡製作手工蠟燭，但是她只體驗過把蠟融化以及灌到模具中，覺得很快速、很有趣、很有成就感，加上精油也很療癒。

但是手工蠟燭創業可不只是這樣而已，你不能一直用現成的蠟燭模具，不然每個人做出來的都一樣，你必須嘗試開發自己的模具，所以對於模具製作、灌模、原型製作都要有研究。

精油也不只是聞聞自己喜歡的味道，滴幾滴進去就可以，你必須了解調香原理，參加各種關於香氣的進階專業課程，然後嘗試調出自己品牌的專屬味道。

我曾遇過還沒接觸過金工，就要創飾品品牌的人。雖然說可以在接觸前就有這樣的目標，但是開始執行創業前，至少要對相關專業有初步理解，並且有很多練習，而不只是用自己外行人的眼光來看待專業。

興趣：金工、烘焙

↓	↓
擅長並熱愛，完全無法放棄任何一項	對於兩個事物感興趣，但是都還沒有很擅長
↓	↓
兩個興趣都嘗試創業 or 將其中一個興趣轉換爲輔助方式（例如：行銷能力）	將每個有興趣的事物都擁有更深刻的體會
↓	↓
創造出屬於自己的獨特性	確認自己是不是眞的喜歡這件事

手作品牌或是其他產業

選擇手作品牌創業，初衷當然是因爲我很喜歡動手做東西，從小就接觸，軟陶、黏土、鋁線、不織布等材料，學習金工，比較像是多接觸了金屬這種材質，然後就誤打誤撞在大學畢業後摸索創業，建立品牌。

我認爲手作創業有不少優勢，因爲是手工製作，所以每個商品品項可以只有一到兩件，沒有囤貨、壓貨的壓力，或需要一次把大量資金放在商品開發、量產上面。

初期需要測試市場，而手作商品可以只有單件，沒有庫存也沒關係，很適合直接放到市場上觀察客人反應，銷量狀況好的品項再慢慢增加庫存就好。

反觀如果是非手作產品設計，就會像現在比較流行的「募資」，先募資到資金再開始量產。或是需要先有一筆錢，不管是借貸、找人投資，或是原本就準備好高額資金，讓工廠量產商品後，再想不同的銷售方式賣出。

有一類型創業是找投資人，但是曾遇過接受股東資助而創業的朋友，因爲「不自由」而感到痛苦。通常是股東對決策有不同想法，因此可能左右品牌走向、風格或產品，以我的個性來說，比較希望全心投入的這個事業可以由自己作主，因此比較傾向資金獨立，以手作創業來說，的確比較適合小規模、小資的創業，從小開始做，不需借助其他資金來源。

雖然這本書和我的經驗，是以手作創業爲出發點，但我相信以「品牌」包裝事業這件事，適用各個產業，在我的學員中，有人是英文家教、日文家教，他們也開始透過「品牌」來包裝自己的「服務」（家教教學）和「商品」（教材）。

以我很喜歡舉例的咖哩飯來看，我的建議是，不要一開始就租店面經營咖哩飯小餐館，最好先試著開發不同的咖哩醬，再搭配米飯或麵包到手作市集販售，藉此建立起「咖哩飯品牌」，也可以在網路上銷售咖哩醬包、食譜等等，等到累積足夠的知名度與資金後，再從小店面、工作室開始經營。

不管哪個產業，我相信都可以套用小資創業的這個模式，以「品牌」包裝的商品或服務，讓自己成爲一個微型企業，再由小規模慢慢壯大，是比較穩紮穩打的創業歷程。

以手作品牌來說，比較建議獨資，從小規模開始慢慢建立獨特的自我風格。

手作品牌與非手作品牌分析

	手作品牌	非手作品牌
資金	少量資金即可，因手作商品不需要投入太多商品開發及量產的資金。	需大量資金投入商品開發、商品量產。
資金來源	僅需少量資金，獨資容易，能自行爲品牌做決定。	自有資金可以獨資，如果沒有需要考慮合夥、借貸、募資等方式。
商品準備	少量開發、沒有庫存壓力，有需求再製作，成本較低、囤貨風險較低。	如果是工廠代爲製作，會是一次大量生產的模式。
銷售方式	市集販售、線上販售。	線上販售、實體門市販售等。
市場測試	即時得到市場回饋後可馬上做出調整，靈活性較高。	對於每次市場回饋的調整必須再次考慮到資金、商品開發、量產、庫存等因素。

打破舊有想法

創業到底容易不容易？好像離自己很遙遠？

創業簡單嗎？當然不簡單，創業有一個無形的門檻，其實跟資金無關，大多是個人特質，舉例來說，像是前面提到的「行動力」，創業沒有老闆監督，每天進度自己說了算，因此需要有自我監督進度的意志。

現在有很多人有「員工」的身份，但回到更傳統的社會結構，大多是務農、經商，每個人或每個家庭自成一個微型企業，然後有不同的金錢、物資的流動。

後來漸漸演變成開始有企業，人開始成爲「員工」，受雇企業單位變得理所當然，但以前並不是這樣的。所以回到原本的微型企業狀態難嗎？也許只是習慣了而已，並不是其中一個比較難、另一個比較簡單。

一開始想鼓勵別人創業，是慫恿家人開始製作插畫商品。那時剛開始到創意市集擺攤，問妹妹要不要畫幾張插畫明信片，可以擺在我的攤位上一起販售。

她不是專業繪者，也是有興趣而已，就開始嘗試用「小畫家」畫畫（沒錯！就是那個功能最陽春的電腦內建軟體），然後我們就用家用印表機，把圖案印在稍微厚一點的紙上面，自己用美工刀裁切，就這樣作成商品上架販售。

這個就是她插畫品牌創業的開端，很困難嗎？其實這樣就是開始創業了，對我來說門檻並不高，只是需要把心裡的想法勇敢實踐而已。

後來我在工作室教學專業金工課程，那是一期二十四小時的課程，大概兩個月上完，課程結束之後，學員就可以獨立在家設計製作金工飾品。這樣的課程開課一年左右，我開始慫恿學員創立自己的品牌。

從跟他們討論品牌名稱、怎麼包裝商品、怎麼定價，到後來開始擺攤，把作品放到網路販售。學員有上班族、家庭主婦、自由工作者，他們像是被推著走一樣，一步一步把品牌建立起來，我印象很深刻，有一位學員第一次在設計網站上賣掉作品時，感到相當不可思議，怎麼就這樣透過自己的作品賺到錢了！

創業Tips

●回到原本的微型企業狀態難嗎？也許只是習慣了而已，並不是其中一個比較難、其中一個比較簡單。
●對我來說門檻並不高，只是勇敢實踐心裡的想法而已！
●創業不該是遙遠的夢想，它只是一個「方式」，要做可以立刻開始，離自己一點都不遙遠。

創業其實離自己並不遠，我鼓勵大家都從副業開始做，等副業眞的穩定了，收入超過正職工作的薪水再離職也不遲。對我來說創業不該是一個遙遠的夢想，它只是一個「方式」而已，說要做就可以立刻開始，離你一點都不遙遠。

沒資金的創業最幸運

「我想創業，但是我沒錢！」這只是一個藉口。在我的創業講座中有一頁是這樣寫的：恭喜你！你的資金不足！

你知道有多少人經歷所謂的「創業失敗」，都是因爲剛好有一筆資金嗎？有一部分的人創業，是因爲剛好有一筆閒置的資金，可能是20萬、50萬、200萬甚至1000萬，然後覺得可以用來投資一個事業，〇〇XX好像可以賺錢，就把錢投進去了。

我遇過一家咖啡簡餐店老闆，就是最好的例子。他剛好有一筆200萬的資金，覺得開一家店好像是個不錯的主意，就租了店面、花錢裝潢，菜單也經過設計，有各種飲品、鬆餅和簡餐，我去店裡用過餐，但去了一次之後再也沒去過。

那次經驗讓人印象最深刻的就是，我點了咖哩飯，但盤子裡只有咖哩醬和白飯，咖哩醬是微波調理包，沒有附生菜沙拉或裝飾用的蔬菜。店面不到一年就結束營業，有一次遇到那位老闆，老闆說：「很奇怪！店裡的客人來過一次就都不來了，我也不知道爲什麼。」

我很想說，我知道答案，但是我們簡單聊聊就結束對話。我相信不管是怎樣的商品，就算是一盤簡單的咖哩飯，也是可以感動人的。老闆的咖哩飯無法感動任何人，甚至感受不到老闆對料理的誠意，就好像他只是希望菜單看起來選擇很多，但實客人吃到什麼他一點都不在乎。因爲剛好有一筆錢，老闆選擇這個「投資」，而不是「投入自己熱愛的事業」，兩者結果截然不同，消費者都能感覺得到。

所以，千萬別把「沒資金」當做自己的弱點。當初我用一萬元創業，也以此爲標準，希望創業課程的學員不要投入大筆資金。「老師，我有二十萬可以投入這個品牌！」這大概是我最害怕聽到的話，我會要求學員把一萬元投入品牌創業，剩餘的資金存起來不要動用，練習把錢花在刀口上，花在眞正需要的地方。創業初期我們需要

創業Tips

- 「我想創業，但是我沒錢！」這只是一個藉口。
- 選擇「投資」還是「投入自己熱愛的事業」，兩者結果將截然不同。
- 練習把錢花在刀口上，花在眞正需要的地方。

付出的「心力」，比「資金需求」多多了。

原本以為是弱點，竟然都是優勢？看到躲在「障礙」背後的「機會」

擔任創業班學員的顧問角色，遇到很多這種狀況：當我提出一些不同想法，某類型學員會非常認真想出「反駁這個想法的理由」或是「做不到的理由」，替自己找很多障礙。這是很奇妙的一件事，畢竟這些理由也是努力想出來的，很努力地想卻放錯地方。

看到很多人在經營品牌過程中，很會幫自己點出「弱點」或「缺點」。能看到不足的地方，當然是很重要的能力，但有些經營者，反而把弱點當成阻礙自己前進的一顆石頭，然後就停在原地。

我時常提醒創業課程的學員，找到弱點、缺點是很好的開始，但是要記得，在每一項弱點、缺點後面找到實際解決方法。清楚明確地寫在筆記本上，你可以看到自己找到了哪些解決方案來消除弱點，甚至找到那些躲在「障礙」背後的「機會」。

之前看到一個新聞報導，一個房東把位在無電梯公寓六樓的套房打造成「健身宅」。六樓沒有電梯是先天弱勢，舊公寓要改建增加電梯機率也不大，用便宜的租金出租是一個方式，不過房東把商品（出租的套房）的弱點轉換成行銷優點，他的方法是這樣的：房東把「每天上下樓梯要爬六樓」這個致命缺點轉換成「鼓勵房客運動、爬樓梯當健身」祭出每天走路達八千步的租金回饋優惠。

不論實際情形與宣傳效果如何，在我看來，房東的確把「商品弱點」成功轉換爲「行銷優點」，明明原本是「障礙」卻成功扭轉成「機會」。

手作創業這個領域，有些人會因爲「不是本科系」，而覺得處於先天劣勢，例如沒有基礎設計能力、缺乏創意，因爲不是本科系所以技術不足等等。以手作品牌來說，我認識絕大多數品牌經營者都非本科系出身，甚至財經、經濟、會計相關科系畢業的比例偏高，手作技術也多是找課程進修，靠自己鑽研練習，才有了熟練的技術。

遇到把「不是本科系」當成巨大阻礙，而停留在原地；接受自己技術不足，而不勤加練習的人，我只能提醒再提醒，這也是需要練習的，練習看到機會，而不只是看到重重障礙，就把自己困住。

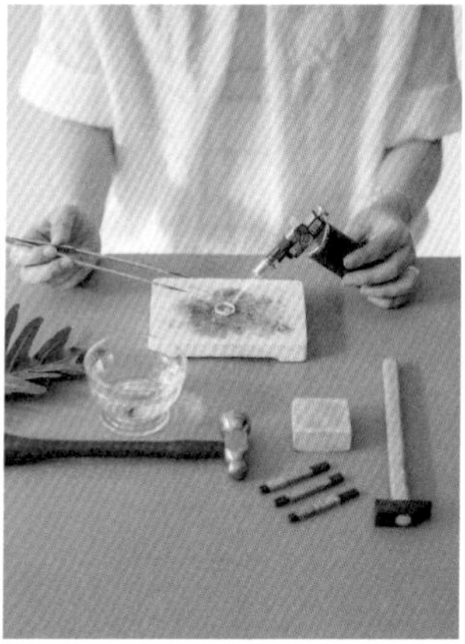

手作領域其實並不用一定要本科系，要的是熱情與長時間練習，別因爲「非本科系」就困住自己。

我想變有錢人很重要

有人說：我只是喜歡手作，但是我沒有想變成有錢人，錢夠用就好。

有人說：我只想要「佛系」經營，有訂單就接，沒有也沒關係。

雖然創業的目的依照個人需求而有不同考量，但如果想成功創業，我希望你對「成為一位有錢人」有不同於一般人，更積極的渴望！有更多收入或資金，不代表會讓自己轉性，變得吝嗇、貪財、不討喜，反而可以讓品牌有更多資金可運用，讓自己做一些想做的事情而不用計較盈餘，甚至可以回饋給社會。

成爲一位有錢人≠變得吝嗇、貪財、不討喜

↓

釐清原因：什麼原因造成這種淺意識？

↓

改善誤解才不會在無形中把錢推得越來越遠！

有些人對「賺錢」這個行爲有一些恐懼，例如很怕被推銷、很怕推銷東西給別人、很討厭賺別人口袋裡的錢。可以嘗試去釐清這樣的觀念到底從哪裡來的？可能是小時候的故事書，一些寓言故事，總是把有錢人形容成吝嗇的壞人；又或是家庭給予自己的金錢觀念，可能把錢當作一個不好的東西。若心裡對金錢有種誤解，那麼很可能無形中，你會把金錢推得離自己越來越遠。

對我來說，不是擁有多大數字的資產就是「有錢人」，而是各方面的富足，尤其是「用錢的自由」，例如看到一個感興趣的課程，就算學費比較高，但是可以學習新事物，不用考量學費會不會給生活帶來壓力；或評估某個物品可以帶來生活便利就下手購買，不用思考是不是要分期付款，費用要多久才能付清。

絕對不是揮霍，變成購物狂，或是非名牌不買這種刻板印象，雖然用錢很自由，不用思考或擔憂太多，但也珍惜、不浪費。

聽過一個說法是「有錢人都用長夾」，其實不一定是長夾，但是讓鈔票在皮夾裡好好伸展，被好好對待，也是一種用錢的態度。跟金錢當做朋友、當做創業的合作夥伴，合理使用錢，也把好的商品和服務分享給更多人，讓品牌可以聚集更多資產和資金，品牌才有更多發展的空間。

千萬千萬千萬不要合夥！

合夥主要理由離不開「一個人創業的困難」，其中大部分是因爲資金、資源，還有「有人一起創業」不至於太孤單的考量。

雖然我的品牌不是合夥成立，但是在二〇一三年一次百貨設櫃合作機會中，我也中了合夥的陷阱，那年我二十四歲，面對人生第一場官司。我們有三個受害的品牌被迫一起提告，希望透過法律給我們一個公平的結果。

那時候半夜常常忽然醒來，然後大哭氣到發抖，我不知道怎麼會變成這樣。合夥的破局，印象中，意見不合只是一件小事，例如某品牌想在自己的陳列區域加一個桌上陳列櫃，我們其他人都覺得合理，畢竟是自己的位子，但是有一個品牌覺得不妥並且非常堅持，合夥就這樣破局了。

很多事、很多決議，沒有標準答案，只有互相妥協才能有圓滿的結果。但是每個人能妥協的程度不同，就會是合夥糾紛的開始。我也認定，只要是合夥，不管是多親近的家人或朋友，最後都有可能破局。

現實生活中免不了必須做出妥協，那麼有條件的合夥該如何先做好溝通呢？我準備了一份「合夥同意書」給卽將合夥創立事業的人參考，唯有一方願意全部同意同意書中所有事項，合夥才有可能在有保障的情況下順利進行。

看完同意書中的六點，你可能會覺得「那不就是完全不要合夥的意思嗎？」其實也有可能同意，例如：針對這個合夥的事業，你的經驗是零，可以付出那些心力、資金，當作學習、累積經驗，的確可能同意。

那麼你們可以合夥試試看，當然並非全部無條件同意對方決議，但我想提醒的是，當你想「爭取」某些事情，就是爭執的開始。當你同意這些事項開始合夥，也請心甘情願做到，不然最後會賠上雙方友誼。

合夥同意書

（　）1. 你是否同意當兩人意見不同時，雖然答案無對錯、沒有標準答案，但以對方意見爲主，例如：這個 logo 好不好看。
（　）2. 同上，如果你覺得自己意見較好，是否能夠接受對方決議，並一起承擔對方決議造成的結果。
（　）3. 你是否同意雙方付出的時間、心力可能不對等。畢竟付出多少心力很難衡量，很難精準各出 50%。
（　）4. 你是否同意如果對方因爲個人因素，必須減少付出的心力，可以無條件接受。例如：對方要照顧小孩，可能可以投入的時間變少，但分享成果的比例不變。
（　）5. 你是否同意如有一筆支出，對方希望支出，你不太希望，還是可以接受對方決議，並一起平分成本。
（　）6. 你是否同意如果對方希望收回合夥事業獨自經營，你無條件退出，過往一起付出的努力無條件留給對方。

如果你無法同意，那麼可以給對方看看對方是否同意；對方同意配合你，代表對方非常需要你提供的資源，那可以合作看看；如果對方無法同意，那麼這時可以溝通，討論如何進行後續合作。

如果合夥雙方沒有一方可以完全同意這份同意書，那我想「合夥」還是有其風險，不妨可以試試看「合作」。合作的意思是雙方都是獨立個體，但是透過合作合約的方式來進行。

常見的合夥情形，如一個人負者行銷與企劃能力、一個人負責商品與服務，那建議兩人各自成立類似行銷公司和商品品

	優勢	劣勢
合夥創業	·資金、資源來源更廣 ·有共同創業夥伴（同甘共苦、不會太孤單）	·可能會產生糾紛問題 好的發展：能互相妥協才有圓滿的結局 壞的發展：妥協程度不同就是糾紛的開始
個人創業	·能獨自為品牌做決定，自由度較高	·自行找資源、籌資金 ·需自行督促自己前進

牌，然後在業務上合作。

一般人大多會擔心，一開始沒那麼多預算找人做行銷企劃，那我的建議是用有限的資源，做有限的事情。如果沒錢就自己邊做邊學，不能因爲資金不足，而想免費借用他人的能力和時間，或用一部分的事業去交換。

其實我的合夥理論，來自於自己慘痛的經驗，未必適合每個人、每種情形，如果是身邊的朋友、學員，我會盡其所能協助找到非合夥的合作方式，來避免我覺得風險太高的合夥。但如果你覺得你們感情堅固、溝通完全沒問題，那麼就試試看吧！並沒有百分百確定合夥一定會失敗，有夥伴很幸運也很幸福，但是兩人的溝通確實不容易。對我來說若珍惜一份情誼，最好不要冒合夥風險，以合作方式取代。

合夥不一定會失敗，但卻較可能會在經營理念上出現歧見，若要合夥最好審愼評估。

培養必備能力

創業第一課：培養解決問題的能力，嘗試別把絆腳的小石頭隨意踢開

如果想要探討關於：「創業」到底都在做些什麼事？

我的答案是：解決問題！

從創業開始一直到現在，我覺得一路上就好像「披荊斬棘」一般，會遇到許許多多怪物和陷阱，每一關都無法直接跳過，只能像打怪一樣一一解決。尤其是身爲唯一要爲這個品牌和事業負起全責的人，這些事沒有任何人可以代勞，你可以有夥伴、小幫

手陪你一起面對，但最終，這些事情不會跳過你，只有你能負責解決。

聽起來眞的是一件麻煩的任務，但從另一個角度來說，我喜歡稱呼這些沿途遇到的困難爲「小石頭」。創業路上會遇到許多絆腳的小石頭，有大有小，有的小石頭看似輕鬆踢開，就可以順利繼續往前走；但費力踩在石頭上，就有機會往上爬。

我常常覺得是某些「推力」逼迫我或品牌成長。曾遇過客人投訴，斬釘截鐵說 Minifeast 的飾品不是純銀，「因爲以前買的銀飾都不會變黑！」銀飾氧化當然是正常情況，是否出現氧化情形與環境、體質有關，但是我該怎麼讓客人信服呢？後來我找到香港一間實驗室可以提供純銀檢測並開立證明，我們就將樣品送檢，確保不同廠商來源的銀材料都符合標準。當時想著，未來若再有客人質疑，我們也能提出證明，而不只是口頭保證。

第一次遇到慘痛的合夥糾紛，才讓我思考百貨門市的不穩定性，而打造了第一間工作室門市。又或是第一次遇到客人因遺失銀飾向我們求償，而在保固卡中加上「遺失不在保固範圍」，讓品牌細節越來越完整。

再小的事情、再小的石頭，都會絆住經營品牌的自己。一腳踢開這樣的小石頭很輕鬆，安慰自己不過是遇到一個「奧客」或「衰事」，不一定要理會，踢開後也許會心情舒暢。但是費點功夫，踩在這顆石頭上，不只徹底解決問題，更讓品牌往上走。

這樣把小石頭變成推力，最常見的就是客訴。有客訴發生的時候，你可以做兩件事：第一是安撫客人，第二是提升品牌形象。如果已經確定自己的做法沒有瑕疵，那客人是不是「奧客」是他的事，但是品牌要不要變得更好，或如何避免再次發生，是自己的事。不管如何，品牌是自己的，如何讓品牌變得更好才是最重要的事。

這樣看待這些「小石頭」之後，遇到小石頭的機會反而變得更珍貴。每一次危機處理、化險爲夷、修正錯誤、優化瑕疵，都讓品牌有機會變得更好。

「先做了再說」vs.「把全部都想清楚再開始」的差別

大概是這兩者的差別，區隔了「已經創業的人」和「一直想創業卻還沒開始的人」，你是哪一種人呢？我身邊的家人、朋友、學員，有不少這種「希望全部想清楚再開始」的人，「我要把一切都準備好再開始」他們大多是這樣打算。

不管是開始販售、宣傳，或是粉絲專頁經營，全都要思考周全，希望品牌基礎打穩、行銷安排好、商品全都定位，一切都安排妥當再開始！遇到這種情況，我都想抓著他們的肩膀，把他們大力搖醒，根本不會有準備好的那一天!!!

你知道市場變動多快嗎？如果對市場不瞭解沒關係，那你知道世界變動有多快嗎？當你花費一至二年研究出最好的產品、最好的行銷方式、最受歡迎的包裝，這個世界又變了多少了呢？不管是世界或市場，都是一個有機體，一直在轉變，品牌也是一樣，你只能開始，然後邊做邊學，一直修正，順應世界的轉動。

大學時，有一陣子對羊毛氈很感興趣，就戳了一些作品，做成鑰匙圈或吊飾、別針，把一個紙箱綁了繩子，改造成可以背在胸前的展示盒。

在完成這些事情的週末，就直接站在熟識的店家門口「擺攤」銷售我的作品。雖然站沒多久，就以中暑收場，變成一個滿好笑的小故事，但是短短時間內，就釐清了我做的這些事有哪些行不通；在這短短時間，我得到路過客人給的回饋；短短時間內，我就知道，如果還想繼續做這件事，該怎麼調整。比起一直想創立一個羊毛氈手作品牌，但遲遲還沒開始的人，我大概只花了二到三個禮拜，就知道接下來該往哪裡走。

再有學員問我「該什麼時候成立粉絲專頁呢？」之類的提問，我的答案都是「現在！」立刻開始才是最好的辦法，雖然剛開始不是最好的狀態，但是開始了才有機會越來越進步。那些「希望全部想清楚再開始」的人，就這樣停在原地，一、兩年過了，三、五年過了，對我來說那些流逝的時間很可惜，這樣的時間足以讓品牌學習更多、成長很多。所以不要再想了，直接開始吧！先做了再說！

控制自己的「三分鐘熱度」，尋找自己的堅持在哪裡

除了解決問題的能力、行動力，最後一個創業必備能力，我就把季軍頒給「堅持力」。創立品牌也許難，但真正難的其實是「持續經營」。

有了建立品牌經驗後，我做了一個實驗，我打算重新創立一個新品牌。用我們在 Part 2 裡面提到的步驟，在很短的時間

內，品牌有了名稱、Logo、商品、包裝、各種文宣品、形象照片、文案等等。也因爲品牌形象完整，雖然粉絲頁人數還不多，就接到了百貨商場邀請設櫃的邀約。

後來這個品牌也跟我原本的品牌Minifeast有了一次成功的快閃專櫃，但是最後，我把這個品牌轉手賣掉了。爲什麼轉手呢？我發現我的心力只夠支持一個品牌，我的堅持只能好好把一個品牌當成小孩持續照顧好。當這個新品牌沒有一個像父母的主理人照顧時，它很難好好成長，所以最後我幫它找了新媽媽，讓新的主理人可以全心全意照顧它。如果沒有主理人對品牌的堅持，這個品牌就會失去依靠。

關於堅持的練習，我做過一個有趣的試驗，就是一個「一百天挑戰」。這個挑戰的最初是二〇二〇年初，我身邊有三位很親近的人，決定一起做一個挑戰，連續一百天，每天完成一張插畫。對一般人來說像是說笑一樣的聊天，這三個人卻說做就做，然後完成挑戰，並從中得到很多收穫。

先做了再說	vs	把全部都想清楚再開始
已經創業的人		一直想著要創業卻還沒開始的人
剛開始不是最好的狀態，但開始了才能越來越進步！		全部安排到最好再開始，但根本沒有準備好的一天！
短時間就能得到回饋進而調整方向		還沒開始所以無法因應市場做調整
品牌已經學習到很多、成長很多		經過三、五年的時間還是停在原地

對我來說，那些在等待的人、徬徨的人、抱怨的人、擔憂的人、沒自信的人、猶豫的人、找理由的人，都將在這一百天後，輸給每天花時間實踐某件事的人。

於是我開始在學員中推廣「一百天挑戰」，不管是什麼形式，可能是創作、貼文，或是各種形式的分享和練習。這是一個很棒的過程，去體驗「堅持一百天」過程中帶來的煎熬、挑戰成功的喜悅，更有因爲一百天連續性的分享，帶來意想不到的收穫，像是有人粉絲人數衝高、有人營業額翻倍。

「但是我做事情常常三分鐘熱度，該怎麼辦？」可以思考看看如果必須完成一百天任務，要如何達到？例如：給自己階段性獎勵，或是像我的許多學員一樣「都答應老師了，就不好意思不做到！」，又或是先公告自己即將接受這個挑戰，對觀眾許下承諾。不管你決定用什麼方式達成，其實這就是最好的「推力」，善用這樣的推力，幫助自己堅持下去吧！

「持續經營」很困難？

↓

爲自己設下目標 - 試試「一百天挑戰」

↓

給自己一個必須完成的「推力」，階段性獎勵、許下承諾

↓

善用推力，幫助自己堅持下去吧！

經營品牌心中的一把尺

永遠都要對自己誠實

事業追求穩健，品牌追求成功的同時，「誠」這個字是自己心裡永遠不應該放棄的一把尺。對自己誠實、對商品誠實、對客戶誠實，不抱僥倖的心態，是經營品牌最基本的要求。

把批發的飾品混充手工製作飾品，在金工銀飾品牌中並不少見。我遇過銀飾品牌同行，也是上過我金工課程的學生，拿批發來的墜飾開模、加工，偽裝成手工製作的飾品。

也許省事、降低成本，短時間萬無一失，但長遠來說，品牌經營必須費盡心思，如果有一天被消費者揭發，對品牌來說絕對得不償失。品牌經營者要愛惜羽毛，珍惜建立起來的名聲，絕不做損害信譽的事情。

也曾有手作品牌經營者一開始每件都是手工製作，生意漸漸穩定、訂單多了之後，就尋找工廠、代工或是建立一個製作團隊，但仍不斷釋放可能會造成消費者誤解「每件商品都是自己親手製作」的訊息，似有若無地誤導消費者提升商品價值，這也是一種欺騙。

有學員問我該怎麼做？好像不知不覺消費者是這樣認定，不知道怎麼解釋，長期以來好像說了一個很大的謊，而爲了圓謊破洞越來越大。

其實，很多粉絲是「看著品牌從零開始成長的」，會很開心看到品牌壯大、規模擴展、擁有新的製作團隊，在介紹品牌的地方提到商品製作方式，例如：由品牌主理人設計，交由專業團隊小量複製生產；或是部分製程交由工廠製作，再由工作室團隊進行後續加工完工與嚴格品管。藉由文字露出，可以清楚傳達正確資訊給消費者，也能讓他們理解，商品並非都要由品牌主理人本人親手製作才有價值。

那個小小的「不誠實」可能出現在各個品牌的小細節裡，需要用更嚴格的標準來審視自己。小小的「誠實」或許只有自己知道，但卻是品牌之所以珍貴之處，對自己的行爲、商品都問心無愧，遇到惡意誹謗時，就知道自己站得住腳，長期經營的粉絲也一定會相挺到底。

經營品牌應該要做的避嫌功課

沒有惡意，卻不小心做出侵權、抄襲行爲？不要想說不會犯這樣的錯誤，眞的沒有人可以做到百分之一百全面思考。一個品牌指控別人抄襲自己的作品，明顯是事實，但將未經授權的照片擅自使用在商業用途，也造成別人的不舒服。每個人對於「權」的理解有出入的時候，還是會不小心犯錯。

如果並非惡意，也不用太緊張，可以先作好避嫌功課。如果未來不小心侵害別人權利，被對方提醒時，一定要認錯道歉，並且再也不犯重複錯誤。

1.如果你已經看過某品牌做了某件作品，就不要做！

「沒看過的」不在討論範圍內，舉例來說，如果今天我想到要做某款式的銀飾，先去網路搜尋有沒有人做過，答案是：一定有！那還要做嗎？就不要做。但是在沒搜尋之前自己想到的設計，就是自己的，在不搜尋查找資料參考情況下完成設計，就沒有問題。

如果擔心侵權，每次有想法就去搜尋，最後會被困在一個找不出新想法的籠子裡。不要看別人的作品，自己想！我常跟學員說，想設計銀飾，但搜尋「銀飾」找尋參考資料的話，會有一堆看過的設計在腦袋裡趕不走，尋找靈感要從其他地方找，從你喜歡的東西，可能是花藝、建築、甜點之類的。

「大家都在做的」也不算，例如飾品設計出愛心、無限符號的圖案。但是，是否要做大眾款式你可以自己決定，每個品牌可以用自己的方式詮釋出特別的設計款。

創業Tips

產品設計類型侵權可能性較高，但以手作商品來看，侵權可能性較低，因此我比較不會一直主動去擔心作品會不會侵權，導致設計時變得綁手綁腳。

如果你看到一件特殊設計的作品，一旦看過了，就不要再製作一樣的。對自己品牌沒什麼好處，甚至稍微修改，做出模稜兩可的設計也不要。你的心態是不是正確只有自己知道。

2.更要避開與熟識品牌相同主題的創作

我覺得這是同行間的友善相互尊重，所謂避開相同主題創作，如每個品牌都可能推出愛心造型的設計，這種不在討論範圍。但一定要避開其它品牌的經典商品、形象商品、主打商品、有特色的作品，假設OO品牌已經以OOO系列當作經典款，如果硬要推出相同系列，就是不尊重對方，萬一造成後續不好的結果也不令人意外。

甚至有時候在商品設計過程中，就算已經打樣完成，看到熟識品牌推出相同主題的作品，我會暫緩推出打樣完成的這件作品，避免對方覺得不舒服。

如果擔心這種巧合的窘境常常發生，也可以在設計、打樣、推出新主題的過程中，透過社群釋出消息，例如設計圖側拍、製作過程記錄、主題文案等等，這樣順著自己的步調推出商品，也不會有太大問

創業Tips

萬一你的領域，這樣情況很多，或被抄襲心血會付之一炬，你的領域應該也有常規做法，例如公證或是利用存證信函，就請跟著做吧！

題。這個提案曾經有學員反問我說萬一事前公開設計圖，反而被抄襲怎麼辦？會來抄襲的人早晚都會來，就不用想那麼多了！

3.不確定會不會侵權，就當作會!!

這個蠻有趣的，有學員會問我說「我看到ＯＯ品牌做ＯＯＯ作品，我還可以做嗎？我很怕侵權！」我眞的覺得，擔心會不會侵權，就不要做。爲了品牌，最好想出沒人做過的，就算後來大家一窩蜂開始學你做也沒關係，那表示你走在最前面。不管是購買的商品、上課學的作品、看過別人的作品，都不要利用作爲商業用途。

4.分享一定要問，並且標註資訊來源！

有些人分享別人的作品或照片，就標記一個品牌名稱，沒有連結，沒有標記到對方，對方也不知道。當然有模糊的地方，例如分享大品牌的照片，單純分享自己很喜歡，那直接寫出品牌，沒有告知好像沒有關係。但如果是商業用途，自己的照片被拿去當別人的招生素材也不合適，這時候最好直接避開。

我們曾經犯過這樣的錯誤，想讓學員看到課程技法更多可能性，而分享一些喜歡的創作者的作品，造成別人不舒服。所以擔心出錯的話，禮貌性問一聲，並且標註資訊來源，可以的話也附上連結，讓看到照片分享的讀者有興趣可以連過去，就不用太擔心了。

也有人分享資料照片只標記照片來自google搜尋或pinterest，但換個角度想，如果自己的作品照片這樣被分享也不太愉快，那麼就得謹慎處理，分享時最好多想一下。

5. 萬一是別人做出侵權行為

除了平常眞的要小心外，如果有一天你發現別人錯誤使用你的作品或照片，也可以先提出善意提醒，尤其文字有時不好表達情緒，可以善用輕鬆的語助詞或是表情符號，避免挑起爭端。

雖然是對方的錯，但錯誤的用字反而更容易讓對方用錯誤的方式應對，雙方有機會和平落幕或引爆更大糾紛，就看第一次訊息互動了。反過來如果是自己做錯，就算對方用了情緒性字眼也要認錯道歉。

畢竟經營品牌，需要時時刻刻記得往自己想去的地方走，這些小插曲鬧太大反而讓人費心。當然如果第一次善意提醒也給對方台階下了，對方卻態度強硬不願改善，這時就必須提出「公開說明」，我會在下一篇文章中跟大家分享。

創業Tips

包含我自己和工作夥伴都曾經做出錯誤的決定而讓別人不舒服，但感謝對方的友善提醒與通知，我們馬上認錯道歉讓事情速速順利結束。很欣賞對方的大度和處理方式，也提醒自己遇到時也要溫柔處理。

五個品牌應該要做的避嫌功課

如果已經看過某品牌做了某件作品，就不要做。	→	一旦你看過了，就不要再製作一樣的，甚至是稍微修改，做出類似的設計也不要。你的心態是不是正確只有你才知道。
自己熟識的品牌，更要避開相同主題的創作。	→	要避開其它品牌的經典、形象、主打商品，這是同行間的友善相互尊重。
不確定會不會侵權，就當作會。	→	最好想出沒人做過的設計。就算後來大家一窩蜂學你做也沒關係，代表你走在最前面。
分享前一定要先詢問，並標註資訊來源。	→	擔心出錯，就禮貌性詢問，並標註資訊來源。也可附上連結，讓看到照片的讀者有興趣可以連過去。
萬一別人做出侵權行爲。	→	可先提出善意提醒，文字有時不好表達情緒，善用輕鬆的語助詞或表情符號，盡量避免挑起爭端。

避免陷入抄襲風波，用正確觀念守護品牌

「抄襲」這個議題在創作界是永遠的難題，沒有標準解決SOP。基本來說可以自己先做好這五件事：

1. 不要輕易公開說「OOO抄襲我」

這個世界很大，人很多。連長相都有可能長很像，我們要相信：別人的腦袋裡也可能出現跟自己相似的東西！

事件1：A設計師貼文把兩張作

品照片擺在一起，指控B抄襲他。但是大家一看，就是一個常見的設計元素，說是抄襲有點牽強，後來A刪掉貼文。

A設計師一時的情緒衝動寫了那篇貼文，作了對比照片，卻讓這個舉動傷害自己的形象、專業，更重要的是影響粉絲及消費者對他的觀感。

事件2：C品牌指控Minifeast抄襲她的作品，也常常說其他品牌抄襲她、學她用實物鑄造蕾絲技法，她提出的抄襲作品品項，是常見造型，例如蘑菇、十字架，技法更不用說，國內外早就有很多人在做了，那是我在學校學到的技法，根本不算什麼獨門或專利技術。

後來有粉絲主動跟我說，C品牌從好幾年前就常常說別的品牌抄襲她，不用太在意她說了什麼。我自己知道做那些商品時不是看到她的商品才做的，所以我問心無愧，但是別人嘴巴長在她身上，我們另有因應辦法，稍後第4點會提到。

指控別人抄襲卻沒有明確證據，這對經營品牌塑造的形象是好是壞我不知道，但是我一直提醒自己，不要把自己想得太厲害，要謙虛一點，不要以爲自己想到的真的那麼獨特。

當然，也可能有例外，那個抄襲也可能很明顯，例如你一推出OOO系列對方就跟進推出；然後你出XXX系列，對方也馬上跟進。或是插畫、飾品、圖案每個都很像，就需要採取接下來的行動。

2.理性與對方溝通

抄襲有兩個可能性，一個是對方思考不周全，不小心抄襲沒想到後果。另一種是惡意抄襲，那不論怎麼溝通大概很難有結論。

先以第一種去思考對方的意圖，在商品設計上我相信每個人都可能思考到同一個地方，所以我會就「文案」與對方進行溝通。發現對方大多數品牌介紹，是用我的文案進行修改，商品介紹格式也相同，我就嘗試跟對方說看看，也因爲對方是我的學生，所以從「爲對方好的出發點」去談，後來有好的結果，學生重新寫了之後也寫得更好。當然不一定每次都會進行溝通，例如我看過有兩個品牌的「徵人文案」都用 Minifeast 的文案修改，這個可能就是覺得有趣，但不用每件事都在意。

如果被說抄襲別人也一樣，確定自己問心無愧，可以試著和對方聯繫，說明自己做品牌的初衷，溝通看看，如果對方無法接受，那我們也只能對自己在乎的人負責。如果是惡意抄襲，可以試著溝通，如果沒什麼效果，就嘗試下一個步驟。

3.感謝有人追趕，拼命往前走

如果眞的被抄襲，那恭喜你，你就是被抄襲了。你就是走在別人前面，才會被抄襲！你說可是對方是更有規模的品牌，還是恭喜你，你終究會走到那個品牌前面。

取消關注那個惡意抄襲你的品牌，不要去看，你要想爲什麼要做品牌，夢想和目標到底是什麼？你到底要往哪邊去「把目光放在想去的地方」你要一直變強、一直做出厲害的作品，別人抄襲你的時候你早就已經走更遠了。但惡意抄襲的品牌，或是惡意指控你抄襲他的品牌，也不能置之不理，我們需要對一群人負責，就是相信你、喜歡你的那群客人。

4. 對正確的人負責

萬一你的客人買到仿冒品，材質不好、沒有保固，轉而向你求救呢？總不能讓自己的客人被騙，所以這個公開公告、聲明很重要。你的客人相信你沒有抄襲，但是會不會有一層陰影？

你必須對他們負責，好好解釋來龍去脈，向大家保證。沒有什麼技巧，就是真心誠意而已，完全誠實，不用傷害到別人或是誇大其辭。這是一種吸引力法則，你的客人大多都會像你一樣真心且令人感到溫暖，當你用正向的態度向大家說明而不是指控、謾罵，客人回饋給你的也是最真誠珍貴的。

5. 自己做好避嫌的功課

做品牌這件事情，其實真的不用管其他人、想太多，但是一定要做好自己該做的，小心不要讓別人覺得不舒服。自己把避嫌的功課做足，就可以放心的把心思都放在自己品牌身上。

創業祕密

為什麼有人會創業失敗？創業成功的祕密是什麼？

「每個人都應該有一個副業，來平衡工作和生活」這是我鼓吹大家創業的核心概念。因爲只做一件事情就是很無聊，創業則是斜槓人生，什麼事情都要做。

跟在大公司不一樣，也許只負責比較單一的工作內容，創業則是一人就是一個公司，要負責各種不同業務內容。

副業其實是一個誘餌，體會到擁有自己事業的滋味後，也許就會慢慢想脫離傳統雇傭制度。當然，也可能相反，也有創業後又再度回到一般雇傭制度底下工作的人，發覺受雇於人比較輕鬆。這是依照自己的個性、喜好、想過的生活來決定，並不是創業當老闆就一定比較好。

「創業就是要很多錢，也可能賠本倒閉」很多人有這種想法，前面我們已經提到，資金其實不是問題。但是如果有誤解，覺得不能擁有自己的事業是卡在資金問題，就太可惜了！

副業是一個很好的練習，不要貿然直接投入，畢竟創業過程需要不斷學習和實驗，直接全職投入自己的事業，壓力很大，會造成反效果。

一則常常被提到的統計記錄：一般民眾創業一年內倒閉高達90%，而能撐過五年的企業只有1%，換言之，有99%以上的創業都會失敗。這當然有很多可以檢討的地方，像是大環境或政策制度，但我喜歡從自己可以調整的地方來改善，直接改變和進步，才不會變成空抱怨。

我覺得成功與失敗，最大的

創業與雇傭的差異

創業模式	雇傭制度
一人公司，獨自工作，負責各種不同的業務。	多人公司，分工合作，處理單一業務內容

差異是「創業的心態」，而這個心態絕對是可以調整的。

我創業的年資不高，說這個很早，但是我認識許多厲害的創業人士和品牌經營者，大致上都是事業跟創業者綁在一起，「事業就是人生！」就好像我不會輕易放棄人生一樣，事業就算有起有落，就算戶頭剩三位數時，也沒有想過要暫停，因爲人生還是要繼續呀！

一旦把品牌和事業，跟自己的人生綁在一起，就沒有放棄或失敗認輸的選項。這樣的創業沒有退路，走到無路可走的時候，會爲自己的人生尋找新的出路。也許某個系列商品失敗，但絕不會因此而放棄事業本身，只有爲品牌想盡辦法，才是唯一機會。也因爲事業跟人生綁在一起，才不會輕言放棄，並不斷在谷底翻身，有創業成功的可能性！

創業與經營的暗黑邏輯

和學員們聊天、討論時，經常聽到很多關於創業的困境。這時我的腦袋會一直轉、一直想著怎麼幫大家解答，心中偶爾會出現一些比較黑暗的老實話，直接老實說怕太衝擊，通常會再轉換成比較正面、正常，而且溫柔的建議提供給大家。

但有時想想，有點黑暗的老實話，說不定對某些人是有幫助的，可能更有衝擊性，更能帶來突破性改變或成長，也許不夠衝擊還聽不進去，就好像需要被一桶水澆醒一樣。有三件事，是我最想跟想創業的人講清楚的：

1.市場競不競爭，其實不關你的事

有些學員會說：「好想做飾品類的商品，但是飾品很競爭……」那是真的「好想做」嗎？我的小資創業理念是這樣的：「你要做的事情必須是你『熱愛』的」像前面提到的簡餐店老闆的故事，如果只是想挑一個試試看，而不是真的熱愛這件事；只想研究哪個市場性比較好、什麼比較好賣，再來選擇自己愛什麼，那創業成功的機率真的太低了。

沒有哪個選擇會是最適合市場、最容易銷售。市場一直在改變，你也要一直改變，沒有一個商品可以賣一輩子。市場當然競爭，也有淘汰機制，只要專心把自己熱愛的商品、產品、服務做到最好，一直讓自己進步，你就有機會不被淘汰。

2.別人削價競爭，其實也不關你的事

「我的商品原本是這個價格，但是別人的定價比較低，所以我怕賣不掉就把價格也調低。」

永遠不要擔心商品「賣不掉」，把注意力都放在「商品是不是真的夠好」，去找到其中的變因，讓商品進步更重要。一般銀飾價差可能從500元到3000元都有，定價是要符合心中對作品的價值，而不是參考

別人的定價。你賣500元，消費者也當作這是500元的商品，壞了會想維修嗎？

會不會變成拋棄式商品呢？後面關於訂價我們還會再提到，當然不是自己覺得要賣4000元就賣4000元，你的消費者也認同它的價值嗎？要賣4000元沒問題，可是在材質、包裝、售後服務上，要做到讓消費者也認同這個價格。

絕不是因爲別人賣低價，自己也要壓低價格，再去壓低成本，做出一個自己也不滿意的作品。經營品牌過程中，「別人」眞的不關你的事，品牌是自己的，跟自己的人生綁在一起，要爲自己做最好的決定。

3. 你眞的有爲自己的品牌「想盡辦法」嗎？

創業需要一直持續不斷「解決問題」，也唯有自己可以爲品牌想盡辦法。

「因爲我時間不夠，所以……」

「因爲我沒有找到好的合作廠商，所以……」

「因爲我沒有自己的場地，所以……」

「因爲我……」

很會找出困難點很好，但要記得補上解決辦法。你是品牌負責人，只有你可以做這件事，就算請人幫忙，對方也不一定能義無反顧幫你找出解決辦法，只能靠自己。

創業路上會遇到重重阻礙和困難，永遠無法避免。如果你因爲遇到阻礙就停在原地，那就很有可能成爲那99％創業失敗的人；如果你可以爲了品牌想盡辦法，尋找各種資源、書籍、課程，尋求別人幫助，花時間測試再測試，那我相信只要願意用盡全力，一定可以找到解決辦法的！

困境	黑暗的老實話	可以認眞思考
「好想做飾品類的商品，但飾品很競爭……」	市場競不競爭，其實不關你的事。	眞的有「熱愛」這件事，眞的有「好想做」嗎？
「我的商品原本是這個價格，但是別人定價比較低，怕賣不掉就把價格也調低。」	別人削價競爭，其實也不關你的事。	永遠不要擔心商品「賣不掉」，注意力放在「商品是不是夠好」，找出其中的變因，讓商品進步更重要。
「因爲時間不夠，所以……」、「因爲沒有找到好的合作廠商，所以……」、「因爲沒有自己的場地，所以……」、「因爲我……」	你眞的有爲自己的品牌「想盡辦法」了嗎？	很會找出困難點當然很好，但要記得，要對應解決的辦法。

經營品牌的路上有許多大大小小的「選擇」，好像每天都必須做決定，所以有「選擇困難」的人會比較辛苦，果斷的個性會讓品牌前進得比較快速，兩種差異並沒有好壞，只是速度快慢而已。

但是當品牌需要做出抉擇，遇到難解問題時，如果沒有前輩、同行、顧問老師可以詢問討論，自己也不敢貿然下決定，可以試試用以下方式去思考：

1.選自己眞正想要的

內心到底想要的是什麼呢？一定有一個答案是自己要的。要做、不要做？要回到心裡、面對自己跟自己溝通，不要跟自己過不去。「總覺得應該……但是我比較想要……」像這樣選擇自己想要的就好了，那會帶你走正確的路。

例如接到邀請參加一個合作案，雖然機會難得，但是可能考量時間、金錢，甚至只是考慮自己對這樣的合作案「有沒有興趣」，傾聽內心的聲音，相信直覺，不要違背心意答應之後，又覺得後悔萬分，必須咬牙度過一段煎熬的日子。

2. 爲自己做決定而不受他人影響

想想這個決定是爲了自己嗎？有所顧慮是不是其實是在顧慮別人？「我覺得應該……但是別人……」、或是「我想要……但是別人……」品牌是跟自己的人生綁在一起，做的所有決定最後負責的只有自己，承擔結果的也是自己。

有時候可能是工作夥伴、小幫手不同意這個決定，或是家人反對，朋友不支持，或是看到同行受到影響。請別顧慮別人太多，你的人生你自己下決定，你的事業也是一樣。

3. 勇敢接受挑戰

當出現岔路時，一條困難的路、一條簡單的路，該選哪條路走呢？我會說困難的！像電影《Yes Man 沒問題先生》一樣，勇敢接受挑戰，雖然選擇困難的路比較辛苦，但收穫一定也不少，也是這樣讓自己和品牌都能有更多成長。

不過還是記得不要違背自己的心意，如果選擇困難的路，心中卻一直覺得很不情願、很痛苦，不是自己眞正想要的，那就勇敢的拒絕吧！

三個思考法則

選自己眞正想要的	「總覺得應該…但是我比較想要……」	選擇自己想要的，因爲會帶你走向正確的路。
爲自己做決定而不受他人影響	「我其實想要……但是別人……」	請別過於顧慮別人，你的人生你自己決定，你的事業也是一樣。
勇敢接受挑戰	出現岔路時，困難的路和簡單的路，要選哪一條？	困難的路雖然比較辛苦，但收穫一定不少，也能讓自己和品牌成長更多。

不管如何，創業是要讓經營者感覺幸福呀！不要忘記創業的初衷，讓經營者、營運者感覺不幸福，對人生並沒有大太幫助。永遠記得要爲自己決定，順自己心意，透過創業讓自己過理想的每一天。

Part

2 打造自己的品牌

· 用「品牌」包裝事業
· 把手作商品商品化
· 成本計算與訂價公式
· 打造品牌好體質：品牌名稱、風格、目標消費群設定、形象商品設計
· 包裝設計
· 幫商品找到通路
· 幫商品做行銷：清點自己的變現能力
· 品牌自我檢視

用「品牌」包裝事業

朋友做了鳳梨酥，放幾顆在保鮮盒裡，讓你嚐嚐味道。這是一個單純、簡單的情境，沒有任何不妥的地方。但試想看看，如果是陌生人準備的鳳梨酥，你敢吃嗎？甚至，你願意付錢買來吃吃看嗎？

以這盒鳳梨酥來說，你會需要標示製作原料、保存期限、製作者等「周邊配件」，來提升這個食物的「信任感」。至於包裝盒，若只是家用保鮮盒裝，肯定也會產生疑慮「這是不是在一個專業且衛生的地方製作完成的？」如果收到一盒以專用的紙

盒包裝好的鳳梨酥，每顆單獨包裝、放著乾燥劑；同時清楚標示原料、產地，並有文字介紹製作者、商品特色，不僅包裝完整還提供送禮用的提袋，包裝上的品牌名稱，能在網路搜尋到該品牌官網，網頁裡有完整品牌介紹、完整購物系統等等，有了這麼多「周邊配件」，你是不是對眼前的這個食品更有信心了呢？

你會知道有一個人、有一個品牌，會爲這個食品負起責任，你會安心購買、安心食用。雖然與品牌背後這個所謂的品牌負責人完全不相識，但是你可以信任這個食品、信任這位素未謀面的人。

前面提到的，就是「品牌」最基本的概念。把品牌想像成一張內容豐富的包裝紙，把你的商品包起來，如此一來，呈現在消費者眼前的時候，就可以大大提升消費者對於商品的信任感。

品牌概念，不侷限實體商品，也可能是虛擬的商品或服務。實體商品如剛剛提到的鳳梨酥，還有任何市面上看到可以買回家的實體物品類；虛擬商品可能是線上影片課程，或可供下載的檔案、軟體、資訊等非實體物品的商品；服務範圍較廣，例如家教老師提供的教學服務、美甲美容這些都算是服務型商品。不管提供商品或服務，都能以「品牌」來包裝這個事業，甚至用「品牌」概念來包裝「一個人」也可以，通常稱之爲個人品牌。

把手作商品商品化

「商品化」的差異在哪裡？

「商品化」之前，手作作品多是「自用」或「送人」，因是自用，材料通常少量購買，材質好壞則因人而異；作品細緻度依個人標準，且無法保證第二件商品的一致性。因此將作品「商品化」之前，需注意以下幾點：

1. 精緻化

商品要從自用、送人，轉變成銷售給不認識的人，首先要注意精緻度。細節處是否工整，會不會被認爲是瑕疵品？結構夠不夠穩固，會不會用幾次就損壞？

這些細節會大大影響消費者對品牌商品信任度，因此一旦作品要進行商品化，對於細節處理需特別慎重。

2. 標準化

過往製作作品時，可能不會在同一個地方購買材料，或者每次製作的尺寸也不一定相同。一旦準備商品化，可嘗試製作一個表單，把預計商品化的商品細節全記在表單上，包含商品照片、品項名稱、尺寸、材料、材料購買來源、材料成本、售價、零件規格等等，詳細記錄下來。未來重複製作商品時，需和第一件商品有相同標準，不能兩件相同的商品卻材質有差異，或明明同一款手鍊，長度卻分成好幾種，標準不一致，這樣會不利於後續管理。

3. 人性化

這邊的人性化指的是，要考量商品實用性，還有是否容易操作。一件商品如果使用上過於複雜，或許自己用慣了所以沒關係，但要販售給一般大眾，就建議試著簡化使用方式，或讓使用方式更直覺，盡可能不用看複雜的使用說明書，憑直覺就可以輕易使用。

在這個階段，實際「測試作品」與「優化」非常重要。需要長時間使用商品，測試各方面都能達到標準，有容易損壞的地方，要找到優化方式，可能是需要有更好、品質更穩定的材料廠商，或是替換其他製作方式。除了自己長時間使用，也可贈送親朋好友，請親友們實際使用，並給予眞實回饋，藉由不同人使用突破盲點，發現不一樣的問題。

最容易犯的錯誤

商品化過程中有很多小陷阱，一不小心，就可能大大影響品牌未來發展。這邊舉例三個初期比較常見的錯誤，在初期開發商品的時候要多加留意。

1.不是給自己用，品質反而降低？

有些人製作作品時，因爲少量製作，使用原料等級也高，一旦要製作成販售商品，考量到成本，就會想替換成便宜一點的原料，品質也因此打折扣。

這個之後會提到，商品定價訂的其實是品牌價值，雖然好原料成本高，但不就是因爲喜歡當初作品的成果，才希望把好東西分享給更多人嗎？千萬別忘記製作商品的初衷，雖然原料貴，但品質好，成本可以眞實反映在價格上。

可以試著尋找相同等級但可大量購買材料的廠商，問到比較好的價格，但品質不能打折。有些人爲了控制成本而降低品質，最後對商品反而失去信心，自己也不喜歡，品牌經營到最後只能黯然退場。

2.製作過程無法SOP化？

剛開始製作時可能沒想太多，不過強烈建議把作品商品化的過程中，可以一併考慮「ＳＯＰ化」，就是想像這件作品未來會交由別人製作，而交接給別人時，就需要有明確的商品製作步驟，各個細節也要訂出標準。

「我應該不會請別人幫忙製作！」、「我還養不活自己，怎麼可能花錢請人做？」請先放下這樣的疑問，想像一下，你有可能十年到二十年後還是每件作品親手手工製作嗎？把這樣的ＳＯＰ作爲流程放在標準化商品表單中，不管最後是自己做，或交給別人製作，當商品量一多，變得更複雜、混亂時，這樣的ＳＯＰ一定能帶來幫助。

3.開發商品很花時間？很困難？

在列出商品品項時，有人的考量是「選簡單的做」或是覺得「開發其他商品很花時間、很困難」，不過這才是品牌商品最有價值的地方，就算在過程中遇到找不到適合的材料供應商，能供應穩定又品質好的材料；或是要一再修改商品等困難，都不能逃避，要不畏辛苦把商品調到最佳狀態，雖然很花時間，卻能成爲品牌和商品在茫茫市場中脫穎而出的重要關鍵。

訂製服務的優勢

許多大量生產的產品，在提供客製化的選擇上比較困難。而手作商品不同，提供訂製服務是手作商品優勢之一，訂製服務也依照「可改動性」分成幾個層級：

1. 商品微調

最常見的是可以客製化刻字，或讓消費者自行挑選顏色、布料花色、縫線顏色，還有就是可以客製化尺寸。

除了客製化刻字，手作商品通常是單一件製作，可以有比較大方向的調整，例如布作商品可挑選布料花色，皮革商品可選皮革顏色和縫線顏色，飾品可修改長度、尺寸等等。因爲是手工製作，客製化過程不會增加製作者負擔，又可製作出獨特且符合消費者個人喜好的商品，因此客製化是手作商品很受歡迎的服務。

2. 樣板式訂製

「樣板式訂製」是我爲這類訂製取的名稱，意思是有固定的模組或樣板，消費者只要提供特定資訊就可以訂製，中間不需要多餘的溝通時間。

常見服務如字母項鍊，只要提供英文名字就可以訂製草寫英文字母項鍊，頂多提供幾種字體作選擇。或是像我的銀飾品牌有提供寵物腳印吊牌訂製，消費者只要把「家裡貓貓狗狗的腳底」拍照傳給我，就可以製作完全獨一無二的訂製品。

樣板式訂製最大的好處就是已經有固定樣板，可降低消費者選擇困難，減少中間來回溝通花費時間，又能完成絕對不會和別人重複的商品。尤其減少來回溝通時間，代表減少這個環節的人事成本，可反映在價格上，將減少的成本回饋消費者。

3. 量身打造訂製款

最後一種是量身打造的訂製款，消費者可以天馬行空，完全憑想像和製作者溝通。可想而知，兩邊達到共識是比較困難的地方，製作者也需要繪製清楚的圖面，確認製作前雙方已經明確達成共識，而把任何可能的錯誤想像機率降到最低。

所以量身打造的訂製款通常訂價最高，從討論到繪製設計圖再到製作，有可能耗時數週到數月，時間成本非常高，因此也反映在訂製款價格上。

在這樣的訂製過程中，最好的狀態就是消費者完全信任製作者，並從以往訂製完成作品中理解製作者風格，願意交由製作者自由發揮。但實務經驗中，仍有可能不如消費者預期造成後續糾紛，所以量身打造訂製款，建議要有完整的設計圖面，以確保雙方權益。

我的銀飾品牌初期主要營業額來源，幾乎都是訂製類型的商品。手作品牌可以把握這樣的優勢，不妨爲自己的品牌設計幾款樣板式訂製款式，以及提供商品微調的服務，會讓手作商品更有競爭力。

可依顧客需求，量身訂製專屬飾品，是手作商品與量產商品最大的不同，同時也是優勢。

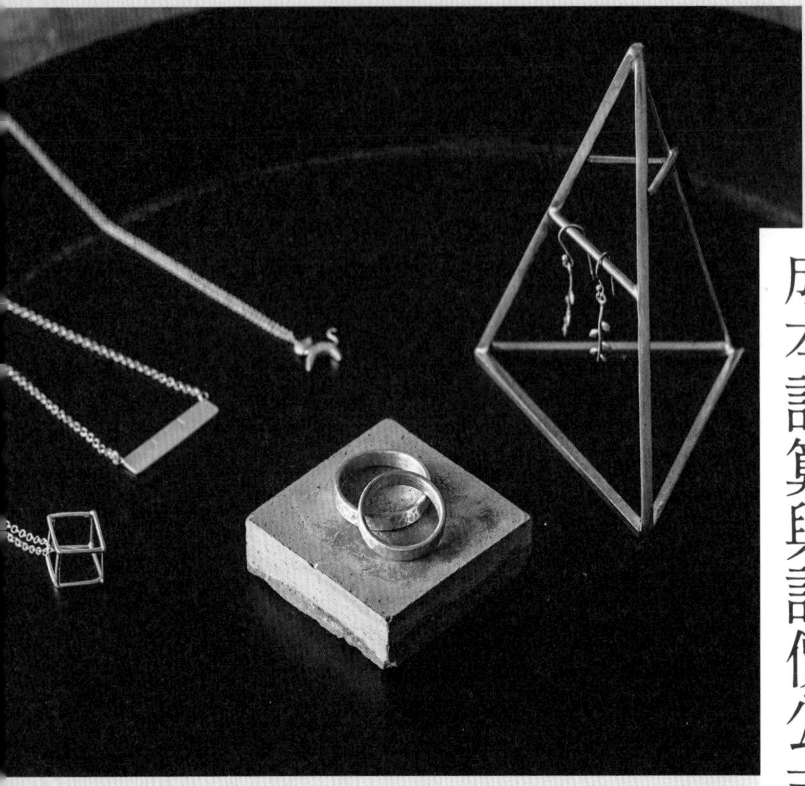

成本計算與訂價公式

一個商品的成本結構（除商品本身材料成本外，是否要計算人力、水電等成本），可以分成幾個類型，將其做成商品成本表後，會更好理解。

商品成本表需要特別說明的部分：

1. 這樣的分類做爲參考卽可，例如銀飾 logo 吊牌，可以放在配件裡計算，也可做爲材料成本，可自行判斷，沒有標準答案。
2. 材料部分，固定損耗成本都要算進去，不然會有額外損失。
3. 製作部分，人力製作成本可以大概估算，時薪比基本時薪高一

商品成本表

品項	說明	以「飾品」爲例	以「布作」爲例
材料	商品本身的製作材料、耗材。	純銀材料、製作必然損耗的純銀廢料成本，還有純銀鍊條。	布料成本（包含必然的損耗成本）、五金、鬆緊帶、縫線等耗材。
製作	製作的人力成本，可以依「時薪」計算。	製作約 1 小時，1 小時時薪。	製作約 2 小時，2 小時時薪。
代工	如有部分須給外包廠商製作的費用。	給工廠小量翻模生產的鑄造代工費用。	部分由代工師傅製作的費用。
包裝	包裝材料成本。	飾品包裝盒、紙袋、夾鏈袋、緞帶、保固卡印刷。	包裝袋、襯紙、防潮劑、送禮萬用小卡。
配件	固定與商品搭配的配件、附屬物品。	銀飾吊牌、拭銀布。	布標、拉鍊上的吊飾。
服務	固定包含在商品中的服務成本（可視發生機率決定是否放在每件商品中）。	可能放入成本考量的服務包含：免費修改、銀飾保養服務的成本。	可能放入成本考量的服務包含：免費修改服務。

些，這樣才不用隨著一年年時薪調整，每次都要跟著調動。每個人製作速度不一樣，自己熟練當然快，但考量未來若是交給小幫手幫忙，時間不要抓太緊。

4.服務部分，建議「必然發生的服務」才算進單一件成本，假如太多是線上銷售，也幾乎提供免運優惠，運費可放在成本計算。或是戒指幾乎每次都要額外量身修改尺寸，可把修改成本算進成本，這部分可依個人情況自行評估。

5.關於商品還有另一個是「商品開發」、「打樣」的成本，這部分如果商品是只製作單一件，那可以作爲成本，但如果是小量持續生產，就不應把這個成本算進單一件成本裡，我們會另外歸類到品牌營運的成本。特別再提醒，如果商品是限量，一樣可以把「商品開發」、「打樣」的成本分攤到限量商品中計算成本。

這樣的成本估算，可以做爲後續定價的依據，並確保後續銷售時不會出現賠本賣的情況。有些金額不好精準計算，可直接估算保守數字，像是「花藝作品」材料，會隨季節、市場有波動，可以訂出固定成本數字，之後依照市場變動的價格來挑選適合花材，就不用每次一直變動成本計算而影響價格。

除了以上提到的之外，工作空間的水電、設計、行政、郵資、客服人事、工具、稅金、行銷廣告等費用，會歸類到營運成本，另外以損益表控制，不會列在商品成本裡。

訂價公式

成本計算完畢之後，就可以嘗試訂價了！訂價最簡單也最直接的方式，就是透過「成本」這個數字，乘上固定的倍率，做爲品牌商品的定價。這樣品牌的定價就會有依據，而不是亂訂。不過這個倍率到底是多少，應該是大家最疑惑的地方。

這邊先提供一個標準值：定價＝成本×4

乘4這個概念來自於讓成本佔定價的25%，預期利潤佔定價的25%，剩餘50%預留給通路成本。50%的通路成本，感覺很嚇人吧！

剛開始販售作品時，接到「寄售」邀請，對方提案由他們幫忙銷售，並抽成40%的當下，我眞的充滿疑惑「我辛苦做了很久的作品，店家卻要拿走那麼多，合理嗎？」然而獨立經營店面、進到百貨專櫃後，理解到如果店家單純幫忙販售作品並抽成50%，其實是合理的，因爲通路有非常多隱形成本。（依店家型態不同，寄售可能抽成20至50%，在後面通路說明的部分將再做補充）

就算是在自己的店面販售，通路成本也包含租金、人事、勞健保、保險、獎金、人員休假成本、裝潢費、家具、道具費用等等，這些都是付出去的錢，需要慢慢攤提回本。

「如果只在網路上販售呢？通路成本沒這麼高吧！」這樣也是可以的，所以有些人的訂價倍率只

不論是在自家店面、市集或百貨商場，店面或者攤位的租金、家具等費用，也要攤提到商品的成本裡。

有乘以2至3倍，不過網路銷售一樣有平台抽成、金流系統抽成，還有網路行銷、客服的成本，還有對經營者來說壓力也不小的「退貨成本」，也就是七天鑑賞期內消費者可以無條件退貨，來回運費需由經營者負擔的隱形成本。

而且依照品牌商品類型不同，有不同的寄售、轉賣、買斷、合作機會，如果沒有保留50%的通路成本，有可能在利潤不足的情況下要放棄某些合作邀約，例如接到一個很棒的店家邀請寄售，但對方要抽成50%，如果當初訂價只有成本的2至3倍，很可能利潤很低，甚至沒有利潤，如果仍想把握合作機會只能當作合作曝光的廣告機會，而沒有任何利潤空間。

最後訂價的小提醒，也許某兩件商品的成本差額只有幾塊錢，千萬別真的全部乘以統一倍率，讓價格標示顯得凌亂。可以有一些固定層級的價格，之後管理上比較方便。例如固定590元、790元、1080元，而不要510元、520元、530元，消費者看了會頭暈，也會導致計算過於繁雜。

品牌價值與面對削價競爭的心態

成本乘以4的倍率，只是提供給大家參考，有可能商品計算出來成本很低，但販售的是創意與獨特性，那乘10都有可能。

其實訂價決定的是「品牌價值」。以一般銷售情況，也許一件商品賣500元或是

1000元都可以，你會發現相同類型商品，定價差距也可以很大。其中差別在於品牌價值，而品牌價值是你自己可以決定的，因此定價決定了別人如何看待、對待你的作品，沒有標準答案，全由自己決定商品的價值（也就是成本乘上的那個倍率），然後讓商品「跟上」你決定的價值。

以我來說，銀飾賣590元也可以，賣3000元也可以，只是590元是薄利多銷，賣到3000元則是配件換成最高等級，後續服務、包裝也做到最好。我選擇訂價3000元，因爲我希望消費者擁有我的作品時是很珍惜的，這不是一條普通項鍊，而是在某個場合、某個有紀念意義的時刻的一份禮物，很珍貴。

萬一不小心壞了，也希望可以維修到好，因爲這是一件值得珍視的物品，而不是一件500元的飾品，可能不被在乎是合金、鍍銀還是純銀的材質，甚至氧化變黑了就丟在一旁。我的定價，決定我的商品如何被看待。

你會發覺，當定價和商品價值差異是590元和3000元的時候，你的消費者也是完全不同類型。所以有人問我，銀飾有人追求薄利多銷、削價競爭，一條項鍊賣590元時，「我們到底該怎麼跟低價者競爭呢？」我的答案是，你們的目標消費族群完全不同，根本不需要競爭。

你可以想像嗎？當你買某個類型的商

定價決定了商品的價值，而以手作商品來看，並不適合走低價薄利多銷策略。

品預算是590元左右時，3000元的產品根本不在你考慮範圍；如果你的預算是3000元，看到590元的商品，你會買嗎？如果你原本打算買3000元左右的商品，看到590元同類型商品，可能因爲不確定品質是否符合期待或安全性、商品保固問題，而不會選擇購買吧？

以手作品牌來說，我不建議走薄利多銷。一個好的品牌應該讓經營者感到幸福，而不是拚命埋頭量產手作商品，只爲賣得更多。長遠來看，一直提升品牌價值，拉高客單價，會讓品牌經營者與實際商品生產者都更有餘裕，而不是只是複製作品的機器人而已。

折扣與價格調整

訂價要注意「信任度」問題，是不是每個通路訂價都盡可能相同，不會出現在某商場購買後，突然發現其它平台訂價有差異，這樣會讓消費者對品牌信任度打折扣。通路難免有折扣活動，只要維持相同定價，不同通路有適當的折扣一般消費者是可以接受的，像是百貨商場折扣沒有線上多，但可能有額外信用卡優惠、紅利累積等等。

不過這裡的折扣指的是適當折扣，有些品牌定價訂很高，之後再折扣下殺六折以下刺激買氣，這種做法比較不建議，不只會讓消費者產生不信任感，也會養成「非折扣不買」的習慣，再也不購買正價商品，有折扣才會買。這也許是一種固定的行銷手段，但是其中對於品牌價值的不信任感，我相信還是存在的。

同理，定價的調整，最好是調高不調低，除非生產原料大幅降低，以回饋消費者爲理由調低定價，一般情況下，貿然調低商品定價，可能會引起過去購買商品的消費者不愉快，降低對品牌信任度。

但如果是調高價格呢？雖然物價一直上漲，調高價格最好還是給消費者一個明確且較能接受的理由，例如：升級配件、服務，或是增加商品附加價值。

所以推出商品時，要預留定價成長空間。舉例來說，銀飾一開始單價沒那麼高，沒有贈送拭銀布，需要另外加購；調高價格後，開始贈送基本款拭銀布；再次調高價格時，附贈的拭銀布升級成有高級包裝的款式。

這只是其中一個例子，不過適當保留調整價格空間是必要的，畢竟品牌經營者會成長，消費者也會跟著一起成長。剛創立品牌，也許消費者學生居多，慢慢地會發現消費者也跟自己一起長大了，成了上班族，喜好改變、商品也會轉變、價值也會提升、定價也跟著提升，最後品牌也就這樣跟著一起長大了。

打造品牌好體質：品牌名稱、風格、目標消費群設定、形象商品設計

品牌名稱、Logo、風格形象

品牌名稱是一切的開端，很多人卡在這個地方，遲遲無法下決定，讓品牌無法正式營運。什麼名稱最好，沒有正確答案，不過可從以下不同切入點去思考。

1. 是不是容易辨識與發音？

這是最基本的，如果品牌名稱使用讓一般人陌生的語言，之後宣傳會比較費力，或是可能跟哪個字很類似容易打錯，而造成在網路搜尋不易，這些都是需要考量的地方。

2.是否達到基本質感標準？

有些諧音或文字，也許適合出現在夜市攤販招牌，或夾娃娃機店鋪招牌，但卻不適合用在手作品牌或個人品牌上。當然質感標準因人而異，這部分可以以問卷方式調查，如果看到這樣的名稱，大家會以爲是怎樣的店家呢？統計大家的想法，也許就會比較明確。

3.中文和英文哪個比較適合？

依照品牌風格，也許會比較適合其中一個。可選擇一個做爲主要名稱，另一個備用。假如品牌比較適合中文，那英文還是可以用在網址或電子郵件帳號申請。

除了字體設計，還可加入一些圖案來豐富品牌視覺效果。

可依據品牌風格走向，決定名稱使用中文或英文。

Logo 可以分成兩種，一種是把品牌名稱藉由字體特殊設計，變成品牌標準字；另一種則是加上小圖案，當成品牌圖示 logo，可兩者併用。並事先想像一下，將 logo 放大到像招牌那麼大，或縮小到印在商品那麼小之後的視覺效果，尤其是縮小後是否還能清楚辨識。可依照商品項目，思考 logo 可以怎麼呈現，例如使用鋼印、布標、吊牌、雷射刻印等等，不同製作方式對於圖像設計，可能有不同要求，需一併列入考量。

另外特別提醒，商品上的 logo 不是越清晰越好，有時候反而會搶走商品主要視覺效果。除了世界名牌，一般人購買商品，不是以購買該品牌爲主要考量，多是基於外觀、功能、質感。我購物時，多會捨棄 logo 太明顯的商品。logo 可以像作品上的小簽名，但千萬別變成主要裝飾圖案。

品牌風格形象可以不用刻意營造，當你有了品牌名稱，商品與包裝也都完整了，自然就會展現品牌該有的風格。而風格也不一定是永久的，品牌就是一個有機體，喜好也會改變，讓品牌自然成長，成爲心目中最喜歡的樣子，那就是你的品牌風格！

目標族群設定

目標族群就是「你打算把商品賣給誰？」你知道賣給誰最合適嗎？答案就是「自己」，這也是你最了解的目標族群。

想把商品推銷給和自己完全不同類型的人，需要做很多調查，這樣的人喜歡什麼、是怎樣的生活模式、會花多少錢買這種東西、需要哪種功能的產品？其中有非常多不確定，所以要推銷商品給和自己完全不同類型的人，調查功課眞的要認眞做。

但是相反地，如果你的目標族群設定爲自己，你會非常了解自己的喜好，甚至知道自己會被什麼樣的行銷文案吸引，又會排斥被哪種推銷方式，更棒的是，你可以做出你需要、也想要的商品，然後把心目中最好的商品，用「分享」的心情推廣給更多也需要的人，這些可以幫助你在後續販售與宣傳上更得心應手。

對我來說，並不一定眞的要規劃，把商品賣給怎樣的人？而是依照自己的需求與喜好，設計並製作出眞正好的商品，自然有需求的消費者就會出現。

甚至在品牌比較穩定經營的時期，不需刻意推銷，只要確保想找到你的人可以順利找到你，不要被任何因素阻礙就好。舉例來說，可以透過網站關鍵字設定，確保有這樣需求的人只要搜尋關鍵字，就可以找到你的品牌，並順利進到購買或預約系統，在沒有任何系統障礙的情況下能順利結帳，那就是很棒的銷售流程。過程中不用過度推銷，只是單純確保有需要的人，可以得到需要的商品或服務。

有些人爲了賺錢，明明不喜歡高單價的珠寶，卻覺得販售高單價珠寶可以換取高收入，而去揣摩這個客群的喜好，最後卻因爲不理解目標族群，設計的也不是自己眞正喜歡的商品，失去品牌經營的方向。

這在品牌經營過程中是很危險的，落入只是爲了收入而做，就跟只因爲有一筆錢就投資做生意的人一樣，在創業過程重重困難中，難以堅持到最後。

形象商品設計

形象商品，就像是品牌作品集。可以想像成，如果有一天有報章雜誌採訪，你會提供哪些商品的資訊和照片呢？這些商品要夠特別，對品牌來說有足夠代表性。如果拿出一個一般品牌都很常見的商品，恐怕並不吸引人，連採訪對象可能都無法理解「這有什麼特別的呢？」

品牌的形象商品我覺得必須具備以下的條件：

1. 讓一般大眾覺得「我好像沒有看過這樣的商品。」
2. 假如要申請市集活動，或是在設計商品網站申請品牌帳號，審查人員覺得「這個好像沒有在我們的市集/網站上出現過。」
3. 商品外型特殊有記憶點，在寄售商店看到時，消費者不用看背後的logo或布標，就能說出「這個好像是某品牌的商品。」

如果這幾個主要條件都能達到，那就過關了！這樣的商品，不一定是大受歡迎的熱賣款，但必須很有辨識度。就算要花費很多時間開發這樣的商品也沒關係，因爲當這個單一件或系列的形象商品完成後，就像品牌的作品集一樣，不管之後報名什麼活動，接受什麼採訪，都可以端出這道品牌的招牌菜。

如果感覺很困難，可以試試這兩個方向：

1.與品牌主形象做連結，與品牌名稱或理念有關聯。

2.透過異材質結合，來打破某個品項原本應有的樣子。在品牌原本的商品加上不一樣的材質是很好的突破點，比較容易與其它商品做出區隔。

「形象商品被抄襲怎麼辦？」如果你的形象商品開發出來後，覺得很有賣點，可以試著進行專利申請，來保護自己的形象商品。如果還不到可以申請專利的獨家技術的話，被抄襲了也別太懊惱，其實市面上很多常見品項，當初可能是某一個品牌先開始製作的，後來大家陸續開始製作相同類似品項。所以如果成爲被抄襲的領頭羊，就放寬心吧！持續開發新的獨創商品，當大家一窩蜂模仿你的時候，你早就已經走在更前面、設計製作出更新的商品了。

品牌必須有系列形象商品，藉此加強消費者對品牌的了解，同時也有利於型塑可能合作方對品牌的既定印象。

包裝設計

商品包裝：材質、設計、成本控制

商品包裝的重要性，從某些角度來說，幾乎跟商品本身一樣重要。觀察網路銷售評價，有很多消費者會針對包裝來做評價，例如：「包裝很漂亮！」或「包裝好美，捨不得拆！」、「包裝很精美，像收到禮物一樣」；當然也有較負面的評價，例如：「銀飾商品很漂亮，但包裝只有夾鏈袋，不符預期！」或是「可惜包裝受損，送人時造成困擾！」

包裝甚至也大大影響了消費

者對於商品價格的認同度，如果是300元的飾品，用牛皮紙袋簡單包裝還可以接受，但是3000元的飾品，則應有精美的盒子包裝，這是消費者的既定印象。就算可能是「包裝盒成本沒有算進商品中，需另外加購」或「基於環保理由，購買飾品不贈送盒子」，且不附贈包裝盒也在說明文字中標示清楚，但消費者收到還是會有感受上的落差。

包裝的成本，初期可以以定價的5％估算，但這不是一個絕對值，可根據自身需求彈性調整。基本上只要有創意、美感、基本商品保護，都是好的包裝，一般我們最常見的包裝大致上可分成紙盒、紙袋、塑膠夾鏈袋或自黏袋，可以依需求多方嘗試。

圖片提供｜馬卡龍腳趾

一開始可先以市售現成紙盒，或簡易的盒裝，再加點創意裝飾即可，藉此減少包裝囤貨壓力。

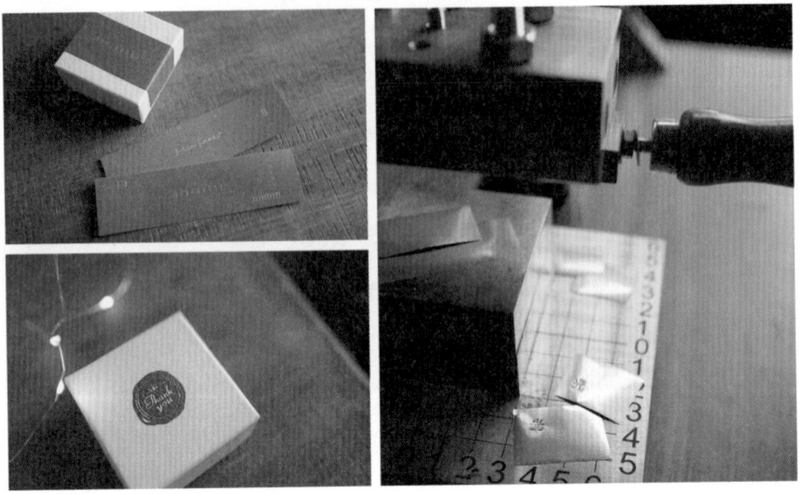

（右）燙金可讓讓包裝更顯奢華，很適合在特殊節日或特殊時刻做妝點。（左上）只是利用簡單的貼紙，也可以做出變化。（左下）可善用貼紙、蠟封章等發揮小創意，突現品牌包裝的獨特性。

品牌初期建議不要訂製大量包裝，因爲請廠商訂製最少要一千個以上，如此一來會有囤貨包裝與資金上的壓力。除了少量購買現成包裝外，還可以善用貼紙、緞帶、印章、蠟封章、棉麻繩、紙膠袋等發揮創意，以手作加工做出包裝獨特性。當商品出貨量開始增加後，可適時尋找適合的廠商代工製作，若仍手工包裝，要將包裝時間成本計算進去。

寄件包裝：寄件安全與風險

網路銷售在現在已是常態，所以「寄件」相對來說變得更加重要。寄件包裝首要考量就是「商品保護」，不單指保護商品，連帶商品原本的包裝盒都要保護，像是商品如果本身有紙盒、提袋，都要一起做好保護，寄送到客人手中。

試著更全面性的考量，像是銀飾可能氧化，若在包裝裡放乾燥劑，會讓消費者收到時，感受到寄件人的用心。像我們的銀飾商品，出貨時會以「真空包裝」出貨，確保寄送過程暫時存放包裹的空間的溼度或環境不會對商品造成影響。

準備好之後就要進行測試，可刻意安排幾間不同的物流公司，用相同的寄件包裝將商品寄回給自己，藉此檢視有無遺漏的細節。

除了安全，若消費者拆開包裹能有收到禮物的驚喜感就更好了，測試寄送給自己時，也感受一下拆包裹的心情，這樣的心情會大大影響消費者給予評價回饋的意願。

如果時間和成本許可，線上訂單寄出時，附上手寫小卡片，感謝消費者對於商品的喜愛與購買支持，並送上小小心意的禮物帶來額外驚喜，對於後續累積評價回饋也很有幫助。別小看一張手寫卡片，消費者收到時感受真的不一樣！

不妨到線上設計商品購物網站，看看大家評價內容都寫些什麼，就會發現消費者對於網路購物在意哪些細節、哪些品牌的舉動容易提高消費者滿意度。

包裝時確保商品無任何損毀，寄至消費者手中，比精美包裝更重要。

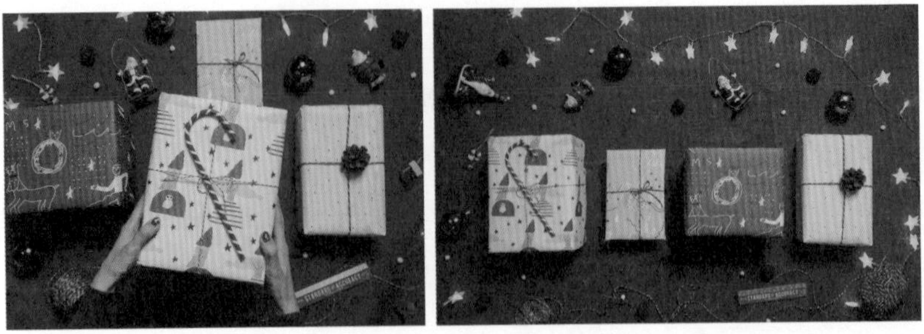

遇到某些特定節日，可針對節日氛圍推出有別以往的節慶包裝。　圖片提供｜馬卡龍腳趾

環保包裝：簡化環保與送禮考量

以上提到的包裝，還有一個小陷阱，就是達到基本安全的商品保護即可，不要「過度包裝」。現在很多消費者很注重環保，如果包裝要一層又一層拆開，又不是易碎物品，很容易在收到評價時被指責過度包裝「造成浪費、製造垃圾！」

對品牌經營者來說還滿兩難的，不能簡陋包裝讓消費者覺得跟想像有落差，又不能過度包裝必須注重環保，這裡有一個兩全其美的方式，就是讓消費者在下單時自己選擇。

在安全與做到商品保護前提下，讓消費者在下單時自行選擇不同包裝規格。以飾品來說，經常購買飾品的人，通常家裡已有大大小小的飾品盒，或有固定收納飾品的收納盒，並不一定想要多一個品牌飾品盒，這時消費者可選擇環保包裝。品牌經營者也可以視情況，決定要不要鼓勵消費者選擇環保包裝，例如選擇環保包裝可以折價或是贈送抵用券。

我的做法是選擇環保包裝需在訂單中備註，然後贈送可在下次消費使用的抵用券。自行在訂單備註，可讓消費者決定選擇環保包裝時多一道手續，這樣可以確保消費者有想清楚，而不是勾選錯誤，導致在收到商品時後悔感覺失望。贈送抵用券是下次才能使用，可避免折價刺激消費者當下購物，而一時衝動選擇環保包裝，卻在收到商品時感覺有落差。

若是品牌商品原本定價不高，包裝盒或紙袋是較平易近人的版本的話，可以另外設計準備「送禮包裝」，消費者下單時可另外加購，藉此體現品牌用心。

部分品牌更會準備萬用小卡或提供代寫，作爲加值服務，可以把成本計算在商品中，作爲免費服務，藉此讓品牌更加分。在母親節、情人節或聖誕節這類節慶時，可額外準備節慶包裝，銷售通路通常會針對節慶做特殊行銷活動，若有節慶包裝可幫助提升銷量！

當然，如果品牌或品牌經營者非常注重環保，堅持以回收包材寄送商品，也可以。只要在商品頁面中清楚說明，以及在包裹外面或拆開商品明顯處，以手寫字或蓋印章方式，再次告知消費者「因爲環保因素，我們使用回收包材，感謝您的支持」類似這樣的字眼，就可提升消費者好感度，而不會造成誤解。

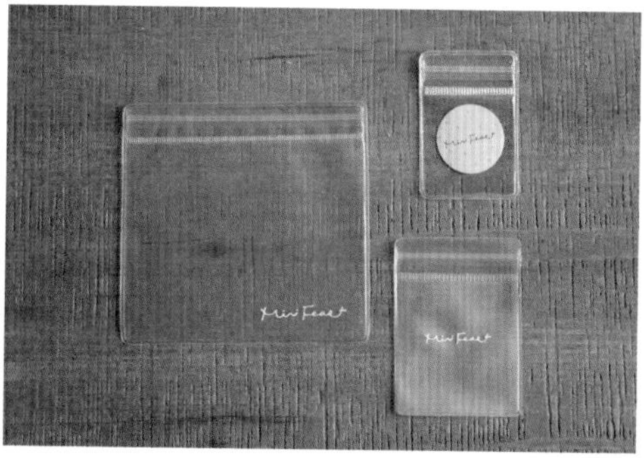

現今消費者頗爲注重環保，可推出環保包裝供消費者選擇。

幫商品找到通路

初期適合主動出擊的通路

通路是讓商品曝光並且被購買的管道，通路百百種，成本差距也頗大。一開始比較推薦的是初期適合主動出擊的通路，這樣的通路特性是成本不會太高，不太需要有一定的人脈、背景，可以藉由爭取就能得到的機會。有以下主要三個：

1. 網路電商平台

現在網路電商平台很多，建議精準選擇一至二個，最好一個是合作上架的平台，一個預留給自己未來官網可以架設購物車。

當然也可以將商品在各種不同平台上架，但檢查是否有訂單，回覆客戶諮詢等後台維護工作，需要一定人力，如此一來便會產生人力成本。

另一個考量點是，消費者在不同網路電商平台都能看到商品露出，好處是消費者選擇熟悉的平台下單，購買流程很順利，但消費者如果沒有慣用的購物平台，就要考慮在哪裡下單，加上不同平台有不同的購物優惠、紅利制度，面對不同選擇，消費者可能因爲幾分鐘的猶豫，就失去購物慾望。

合作上架的平台要經過挑選，最好選擇主打銷售設計師商品或原創商品的平台，有些平台可能什麼物品都能上架，甚至還會有批發商品、二手商品，這會讓消費者混淆「這個商品是設計師原創還是批發來的商品呢？」選擇已有良好形象的購物平台會讓品牌銷售事半功倍，讓消費者看到商品前已有既定印象，不用花太多力氣說明商品非批發商品或二手商品。

每個網站申請方式不同，可挑選合適的申請。需要提供的資料通常是完整品牌介紹、商品照片、商品特色說明，這時就要提出形象商品，讓審查方可輕易理解品牌的特色，通過審核就可以上架商品，專業銷售平台有很多檔期行銷活動可參加，可多利用平台免費資源。線上銷售應以提供完整商品和服務爲目標，努力累積好評回饋，可提高品牌在平台上曝光率，進而提升購買率。

圖片提供｜馬卡龍腳趾

市集要求條件低，適合做爲初期銷售通路，不過需了解市集屬性是否適合商品。

2.市集

市集是非常推薦的初期通路，只要符合申請需求，負擔攤位費用，並空出時間到現場擺設銷售，就可以達到曝光效果。擺攤前可以多逛幾個知名度較高的常態市集，觀察大家怎麼擺設陳列，同時觀察逛市集的消費族群是否符合品牌需求。

初期盡量選擇常態舉辦的市集，這類市集人潮比較穩定，新興且具話題性的市集也可以考慮，但要小心地雷市集，有些市集是主辦方想增加舉辦活動的豐富，才「順便」舉辦，很可能因爲市集調性跟活動不同調，讓攤位淪爲陪襯的窘境。市集跟網路電商平台一樣，小心不要誤入二手市集，以免造成買賣雙方混亂與困擾。

市集也是累積商品款式的好機會，第一次參加市集可事先查詢市集攤位桌面尺寸，以此估算檯面上可展示多少商品，然後再做陳列和一些小招牌設計。品牌遲遲沒有進展，或做事三分鐘熱度的人，不妨直接報名市集，錄取後推動自己準備商品、包裝、陳列、名片等等，給自己一個加速的動力！

3. 寄售商店

寄售商店的選擇一定要記得「寧缺勿濫」，這概念其實適用於每個通路，不過寄售商店會更明顯。

主動詢問寄售合作的店家，並非專門銷售商品的店家，可能是咖啡店、服飾店或其他小店，因爲剛好多出一個空間，或是只想讓店鋪內容看起來更豐富，才提出寄售合作，雖說不管如何都是曝光機會，但商品往往變成陪襯品，對品牌來說，寄售需承受販售以及解約時的「囤貨」壓力，因此更要小心謹慎選擇寄售商店。

建議尋找專門販售選品的店家，這類店家主要收入來源卽是銷貨後的抽成，會比較用心幫助品牌銷售商品。與寄售店家合作前，可到門市觀察，看看店家有沒有頻繁進行陳列設計，架上展示商品是乾淨整齊還是亂七八糟，或者假裝成客人，觀察銷售人員態度是否積極，從小地方，可以看出店家對寄售商品的用心程度。

另外還要提醒，有些店家是「包底抽成」，就是不管有沒有售出商品，只要擺放商品就有一個基本費用。這種合作要小心評估，可能是店家眞的成本很高，也很可能只是想找更多品牌來分擔租金。

網路平台和市集資訊會在網路公告，有明確申請方式，寄售商店比較少，如果有喜歡的店家可以主動提案合作，看到店家有陳列寄售商品，也可以主動詢問。抽成大約一到五成不等，最常見三到四成左右，一般由寄售店家決定。

寄售合作要留意合約，不管店家規模多小，甚至可能是像朋友間的合作，都還是建議要有簡易但完整的合約，註明合作時間、抽成比例、稅務相關細節等，白紙黑字，未來若有爭議會比較好處理。

把握不定期的曝光機會

除了以上三個通路，只要品牌開始經營曝光，就會接到一些短期展覽、合作活動、快閃店、百貨臨時櫃等合作邀約。比起上述三種適合主動出擊的通路，這些通路偏「被動」，因此若遇到適當時機就要把握機會，平常可預先多做功課，爲這種突然的邀請做好萬全準備。

1.展覽、活動

台灣每年固定舉辦很多展覽，這些展覽多已有一定規模，有公告報名方式，平時可多注意這方面資訊，留意每年報名時間點。

大型展覽，尤其展出、攤位費用比較高的時候，若是第一次舉辦，通常我會先觀望，先做爲一個觀眾，實際到現場觀看展覽的情況，再來評估是否適合自己的品牌。

像這種展出費用動輒要上萬元以上，更要做好萬全準備，以提升展出期間曝光的機會。如果是第一次參加，建議實際參觀展覽後，直到隔年報名展出前，撥出時間爲展出作準備，相當於「準備整整一年」，注意各種細節，才能好好把握難得又高成本的展出機會。

其他常見的合作活動，可能是品牌與品牌間的合作，通常是因爲其中一方有比較有趣又特別的想法，而開啓合作契機。這類型合作我比較不注重營業額效益，反而覺得有趣最重要。讓品牌經歷一些不一樣的合作案，一樣可以達到曝光效果。

2.百貨臨時櫃

百貨臨時櫃、快閃店，是很棒的品牌提升機會，因爲突然從經營一個小攤位，變成經營「一家店」的規模。加上到不同百貨商場，帶來不同的品牌形象，也能拓展與以往完全不同的客群。除了提升品牌形象，百貨也會提供許多行銷資源，在合作期間可以多加利用。

經營一段時間，品牌有了一定的完成度，整體銷售狀況會開始持平，因此對我來說，這樣的合作是給自己和品牌一個新的挑戰。雖然進臨時櫃，好像除了準備商品外，還多了很多其他任務，但卻是有助自我成長的挑戰。不管是經營能力的累積、或品牌實戰力的提升，百貨設櫃都是對品牌很好的舞台。

不過長期百貨設櫃，容易受市場狀態影響，且無法應因應市場變化做相應調整。不管是不是考慮長期進駐百貨，可以從短期臨時櫃開始嘗試。一個專櫃門市，不只需要準備商品，還要準備展示櫃、家具、道具，重要也更困難的是人員安排。

百貨營業時間長，沒有固定公休日，所以短期設櫃除了自己這個人力外，也需要更多人輪班，這時要找到剛好短期可以幫忙、又符合品牌形象的銷售人員。尋找人員和培訓需要花時間，這些都是必須考量進去的成本。

當品牌有一定曝光度，就可能接受百貨邀請。當覺得品牌已經完整到達一個平衡，好像沒有什麼再進一步機會時，接下臨時櫃就是很棒的挑戰。

這邊有一個小提醒，臨時櫃需要慎選百貨類型、樓層、櫃位的點、抽成、租金等條件，接到百貨方邀請時，要主動思考「如果這個櫃點像百貨方說的那麼好，輪得到找我去嗎？不應該是大家搶著要去？」接到邀請很開心，不過還是要冷靜評估各種可能性還有實際效益。

可實際到百貨現場長時間觀察，看看人流、客群類型是否符合品牌，平日、假日不同時段都實際去看看，較能做出正確評估。也不妨多請教前輩，協助評估是否合適，以免付出高額金錢、時間成本，效果不如預期。

夢想擁有自己的第一間店、工作室

這應該是95％以上的人的夢想吧！擁有一間店或工作室，可以決定裝潢風格、挑選家具、道具，營造一個夢想中的空間，讓大家也享受這樣的空間。

對我來說，當品牌經營到一個程度，就需要一家自己的門市，比較像是「品牌的家」，這是市集攤位、百貨專櫃都無法取代的。但是經營門市有一個很實際的問題，大家可自行評估看看，現階段是否適合開自己的店了。

百貨雖有固定逛街人流，卻少了靈活性，若市場狀況有變，不易即時做銷售應變。

「如果完全沒有路人走進店裡，你的店能生存下去嗎？」在不依靠過路客的情況下，線上的行銷能力是否已經完備。當初第一間工作室，就是評估線上銷售每月平均盈餘已可負擔實體工作室租金成本，這樣一來就算實體店面需要時間培養、慢慢增加盈餘，壓力也不會太大，可以比較有餘裕的經營。

另外，如果品牌線上行銷能力，已可以把客人帶往實體店面，就可以不用太擔心過路客消費能力，也會比較有保障。如果商品品項是需要大量過路客的類型，就要做更多調查功課，觀察店面應該開在哪裡比較適合。一間街邊店和百貨專櫃不一樣，百貨有固定人流，街邊店可能一天沒有一個人走進去，而這就是主要評估的點。

一個實體空間成本有：租金、裝修成本、家具、道具、工具設備、營業登記等等。租金若有其他管道盈餘可負擔，壓力會小一點，裝修和家具、道具採買，是較大的支出，在不借貸的情況下，我會把成本以店面租約的簽約年限來做分攤，如租約簽約三年，把裝修加上家具、道具購買的成本攤成36個月，將這個成本放在品牌損益表中。

但是實際上這筆錢是直接付清的，所以這個金額，我會預估大概是二至六個月的品牌盈餘，是至少六個月就負擔得起。這樣一來就可以控制預算，而不會造成以百萬裝潢，卻好幾年都回不了本的情形。

一開始金錢和能力比較難以負擔時，如果臨時需要空間辦活動或是課程，可以選擇一些可單次出租的空間。一個月的空間租借成本若超過一般月租租金，可慢慢尋找合適的地點，相信這時盈餘也有一定數字，對品牌來說是適合有固定的據點的時候了。

當品牌成長到一定程度，會需要一個專屬自己的門市店面，但開店時機，仍需自行深入評估。

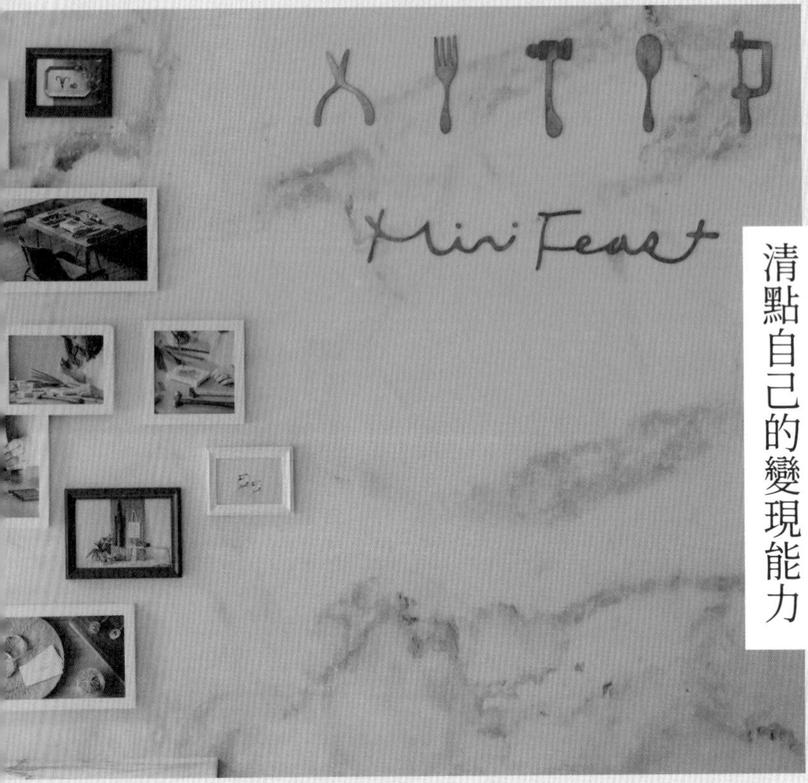

幫商品做行銷：清點自己的變現能力

行銷分類

行銷有許多不同類型，學也學不完，因爲市場一直在改變，甚至社群也不斷變動，所以只有不停更新行銷能力，才能跟上市場變化。聽起來很複雜，不過品牌行銷的概念可以分成基本的三種，我們一一來探討。

1.日常分享

日常分享聽起來最單純、最平常，卻是現在的行銷重點。現在大家很怕「被推銷」，看到疑似被推銷的貼文分享，心裡都會默默後退一步。反而是那種毫無推銷感，完全不是在銷售商品，單純的分享最吸引人，像是日記般的文字、寫一些感性的內心話，甚至是閒聊類型的文章，會讓人感覺跟品牌更貼近，而不會有「這品牌又要賣我東西了！」的感覺。

這樣的貼文類型要有固定頻率，且要用「自己最真實的樣子」去書寫，真實呈現呈現不經修飾的感覺，而非刻意寫出來的文案。千萬不要以爲「詩意的文字很適合我的品牌」就逼不擅長也對詩作不感興趣的自己每天寫詩，這樣不自然地呈現反而會有反效果。呈現最真實的自己，跟粉絲的互動就會明顯提高，如果粉絲願意留言閒聊，那這樣的日常分享行銷就算成功。

2.檔期優惠

相較於日常分享是提高曝光與互動率，檔期優惠就是以銷售爲目標。這樣的行銷活動是最難的，一再提供折扣，消費者也會疲乏，最好能以「分享好物」爲出發點，真心推薦給「需要」的人。

不提供折扣，要拿什麼吸引消費者？可以清點一下自己還有哪些「變現能力」，任何跟品牌無關的才能或其他興趣，利用這些額外能力來延伸策劃行銷活動。舉例來說，除了原本手作商品之外，還很喜歡做手工糖霜餅乾，那麼可以在聖誕檔期活動的時候做成禮盒設計，或是購買商品送餅乾，甚至是購買商品可以參加簡單的手作糖霜餅乾體驗活動，這些都可以取代原本單純的商品打折促銷，也可以加進各種有趣好玩的事情。

3. 特殊活動

特殊活動除了檔期優惠可以執行的有趣企劃之外，也很推薦可以爲品牌「創造傳統」，品牌傳統可以讓消費者跟品牌建立長遠關係，也能大大提升品牌形象，可以做爲品牌形象提升的行銷活動。

以我們的品牌爲例，每年舉辦聖誕茶會已邁入第七年，按照往例，每年工作室會準備豐盛的甜點和鹹食，邀請客人和學員們參與。也會準備伴手小禮物，還有抽聖誕禮物活動，很多客人和學員每年固定回來，很有默契地變成大家固定會參加的活動。或是每年固定舉辦的歲末義賣，甚至有些品牌固定在每月的哪個時間點上架新品也是。這些都可以和消費者建立默契，讓普通消費者慢慢變成常客，若最後能像朋友一樣是再好不過了。

訂下明確的營業額目標

行銷需要經過不斷嘗試，並維持變動性，沒有一個行銷招式可以永久使用、永久有效。但另一方面來說，忙於各種行銷測試與執行的時候，別忘了「營業額」這個明確目標。經營品牌前五、六年，我並沒有實際訂出品牌營業額目標，以「打平」爲最低標，然後想做什麼做什麼，對什麼事情有興趣就嘗試看看。品牌雖然持續有成長，但營業額成長幅度並不大。

直到二０一八年我做了一個爲期一整年的實驗「定下明確的營業額目標」並把目標訂爲往年營業額的三倍，做爲我的一個大挑戰。有了目標營業額數字之後，我列出三十三個主要企劃，每個企劃包含要銷售的商品或服務，以及該企劃必須達成的營業額，以訂製服務來說，目標是一個月要有2萬元營業額，十二個月就24萬元，用這樣的方式把年度的大目標轉換成很實際必須一一去執行的小任務。

這一年我拚死拚活爲了目標努力，中間也歷經快被榨乾，有種「我再也生不出更多收入了」的感覺，又再度進修不同的行銷課程，再執行新企劃。這一年常常出現的念頭是「忍完今年就好了！」這樣實驗一年的結果，就是訂了往年三倍的營業額目標，最後達成超過兩倍。雖然沒有達到三倍，但是超過往年兩倍的營業額也很驚人了，這是我從沒想過品牌和自己能有的能耐。

試著爲每年的自己訂下營業額目標吧！有了目標會更明確自己要做那些事，因爲必須把目標金額的數字，明確列爲一個個可執行，並且知道營業額成果的企劃。如果沒有把金額數字轉變成可執行的企劃，就會淪爲只看著目標數字，但完全沒有頭緒要怎麼做的情況。

因爲一整年的企劃總是有許多不確定性和突發狀況，所以後來我建議大家，假如年目標營業額是30萬，就嘗試把企劃執行預期成果的加總定在60萬。這樣一來不管有什麼變動，都能確保能到達基本的30萬目標。

別害怕持續做嘗試

很多人碰到「行銷」就頭痛，連我也開玩笑說過下一本書要出「我再也不想做行銷！」一般人自創品牌都是對品牌本身商品有濃厚興趣，同時也對行銷有興趣就要碰運氣了，所以如果可以從自己的「變現能力」出發，從興趣延伸找到合適的行銷點，經營者才能「舒舒服服做行銷」。

也因爲市場性、經營的時空背景一直在改變，讓行銷這件事情變成需要不斷變動、不斷學習、不斷實驗，讓人有種「沒完沒了」的無力感，但是其實這件事情是有個完美平衡的。

當品牌產出眞正好的商品或服務，消費者也眞的有需求（不是民生用品或具備實用性才是需求噢！心靈上的需求也很重要的）在這樣的情況下，品牌只要經營到一個程度，就可以自然被需要的人看到。

之前工作室開的金工專業課程，每次開班都要大力宣傳，付錢打臉書廣告、分享貼文，準備各種文案吸引人來上課，當這個課程持續招生五年後，我們已經可以不用「主動行銷」了。

這樣的商品或服務創造出口碑後，讓消費者有「非跟你買不可」的因素，就可以創造這樣的平衡。就像我們的金工專業課程是第一個提供後續銀飾品牌創業輔導資源的金工課程，在這之前幾乎沒有金工課程以商業爲導向，通常偏向創作，所以一旦有人想學習金工，來我們工作室上課的機率就會大大提高。甚至也有已經學習過金工、有金工基礎的人來報名我們的課程，也是基於這樣的理由。

這種情況下，我們已經不需要透過折扣、下廣告宣傳貼文，就可以被有需要的人搜尋到，而我只要持續做正確而且我感興趣的事情，例如提供創業資源、學辦免費輔導課程、分享創業相關或金工相關的文章，都反而變成行銷的一部份。

有很多品牌已做到這樣的平衡，用自己喜歡的方式分享日常貼文，只要學辦商品展售活動，商品都會迅速完銷；或是平常固定分享客人回饋的照片，只要擺攤現場立刻大排長龍，有人想買也買不到。我相信這樣的平衡之下，消費者可以滿意購買到自己喜歡商品，經營者也能開心經營，並用自己喜歡的方式行銷。這樣自然的平衡下，行銷反而不像行銷，只是經營者開心地持續做喜歡的事情罷了！在找到這樣的平衡之前，不要害怕做嘗試，慢慢找到這個品牌與行銷的平衡吧！

品牌自我檢視

品牌這樣就算完整了嗎？

把前面章節的內容都準備好之後，品牌就算完整了嗎？很多人還是會疑惑，怎樣才算完成一個品牌呢？其實回到品牌本身，必備項目只有品牌名稱、logo，有商品、包裝、基本文宣印刷品等等。

品牌是一個有機體，必須順應自己的狀態、時空背景，不斷改變與成長，所以對我來說，品牌並沒有完整的一天，當前面章節的內容都準備好之後，只能說是品牌準備好了！

千萬不要因爲清單上某個項目被卡住，就一切停擺留在原地。曾有學員說：「我被包裝完全卡住了！無法下決定所以拖了一年」找到屬於自己的推力，例如先選擇不同包裝形式直接測試使用，跟消費者收集回饋；或報名市集，直接給自己明確的期限解決問題。

不管用什麼方式，選擇停在原地，那眞的會離夢想的樣子越遠。找到最適合自己的辦法，面對經營品牌路上數不清的難題。

其實「建立」品牌並不困難，困難點在於必須下定決心，長遠經營，讓品牌不只是清單裡具備的那些項目，而是因爲跟品牌經營者的人生完全綁在一起，而有深度、溫度，走得長長遠遠，讓經營者可以透過品牌，完成人生中各種想做的事情，用夢想中的步調過生活。

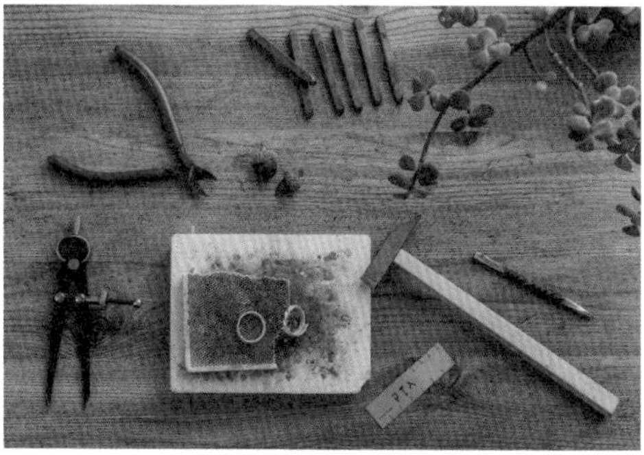

創立品牌不難，初期要投入熱情和心力，後期則要努力長遠經營，讓品牌可以一直持續下去。

品牌 checklist

分類	項目	說明	完成後打✓
品牌	品牌名稱	包含品牌中英文名稱，也可以查詢「智慧局商標檢索系統」和使用各社群、搜尋引擎來確認名稱仍可以使用。	
	Logo	可以是文字或圖像，必須考量放大與縮小的識別度。	
	品牌理念	一段文字講述關於品牌故事，讓大家認識這個品牌並留下深刻印象。	
	IG ／粉絲專頁	確認品牌名稱後就可以申請，包含社群還有電子郵件信箱帳號。	
印刷品	名片	最基本的印刷品，實體名片可以在市集現場發送，也可以附在商品包裹中。	
	品牌介紹小卡	常見明信片大小，也可以用其他形式。	
	保固卡／保證卡	可以是紙卡形式或用其他方式。	
	保養方式說明	可以是紙本、紙卡形式，或基於環保考量，其他形式可考慮線上頁面，透過 QR code 讓客人掃描，也方便更新。	
	客戶服務單	現場要訂製留資料用，或是處理維修、修改等事宜。	
商品包裝	商品主要包裝	可能是包裝盒、包裝袋。	
	紙袋	送禮用的提袋。	
	環保包裝	客人選擇環保包裝時的環保方案。	
	寄件包裝	寄件時額外的外盒包裝，需要測試穩固性。	

分類	項目	說明	完成後打✓
商品	形象商品系列作品	可做爲品牌代表性的系列商品。	
	商品	以飾品爲例：可準備至少5個系列，每個系列至少3件作品，並拍攝白底商品照片可作爲申請線上電商平台使用。	
	商品清單（包含定價）	商品清單可以包含商品名稱、照片、材質、作品理念、定價、製作規格等詳細描述。	
訂製	樣板式訂製3款	讓消費者簡單選擇，就能訂製獨特專屬的商品。	
	訂製作品集準備	幫至少5位親朋好友量身打造訂製商品，並拍照當訂製作品集，作品集可以放在線上，也可以製作實體相本放在市集攤位。	
	訂製流程說明	當消費者詢問訂製的時候可以直接提供的流程說明，可以用線上表單或是單一網頁。	
通路籌備	擺攤、陳列、拍照道具	先以180×60公分大小桌面，來準備商品數量與陳列擺設，之後再依攤位實際大小做調整，平常可以多收集不同的陳列、拍照道具。	
	申請線上電商平台	完成商品上架。	
訂出目標	訂出短期營業額目標	訂一個期限，想辦法達到5000元營業額，當達到之後，就知道未來要如何執行，可以一直把目標提高。	

Part

3 成功案例分享

· Minifeast 創業故事
· 馬卡龍腳趾
· I,Mini I
· 洋片 Mama Chips
· Melon 製作所

Minifeast 創業故事

在品牌成立之後

品牌不是做到哪個程度才算成功，並不會有一天成功了，就可以不用再做任何努力，一直有錢進來。經營過程是一個長期狀態，享受這個過程，透過品牌讓自己過著理想生活，才是我心目中達成夢想的樣子。

在這樣的過程中，也會出現讓自己忙到死去活來後悔萬分的時刻，每次出現這種時刻，我就會想起「漁夫的故事」。

故事有很多不同版本，大概

是說一位富人到漁村，看到一位漁夫過著悠哉的生活，於是熱心提供各種事業上的建議，建議漁夫應該更積極工作、補更多漁獲、建立罐頭工廠、帶來財富之後，就可以過著悠哉的生活。漁夫回答：「可是我現在已經在過這樣的生活了啊！」

故事背後其實可以有不同解讀，但我用這個故事提醒自己要「隨時」調整步調讓自己過著理想生活，而不是讓自己「以後」可以過夢想的生活。

把「興趣」當成「副業」甚至是「事業」不應該只是夢想，而是達成理想生活的一種方式。許多人會把這個當作過程，把理想生活放在遙遠的未來，但過程中很容易因爲太辛苦而撐不下去，若能按喜歡的步調走，會讓一切變得較爲容易。

成立品牌不難，難的是長遠經營，讓品牌跟著自己的人生走，一起成長、一起進步。

我自己的創業故事與過程

會想成立品牌，最初只是一個畢業展覽的機會，而且只是一個校內展覽，說是展覽，也只是在校園擺攤、販售自己製作的作品而已。就在家裡隨意畫了品牌logo、成立臉書專頁，沒有想太多。

一直到我找到第一份在金工工作室上班的正職工作，發現「去上班」有很多限制，雖然我是本科系，工作內容卻和「動手做金工」有很大差異，後來離職一度想轉行，去應徵麵包店學徒，學徒沒當成，於是報名甜點專業課程。

就這樣碰撞了半年，因爲找

到一份跟金工相關的打工，我就開始一邊打工、一邊經營自己品牌的人生。

從二〇一一年到二〇一八年，大致過程就是成立品牌後，開始有寄售據點、接觸擺攤、持續線上經營。通路從二〇一三年有一些改變，轉型進入百貨商場，經過不斷嘗試跟調整，到二〇一八年撤掉百貨專櫃，把工作室調整到心目中最棒的樣子。

過程中，品牌一直不斷嘗試，在不同通路，以不同行銷方式，商品和服務也持續轉型，後來加入課程，從體驗課程到專業金工課程，再到創業相關課程。其實我只是挑喜歡的事情做，一件事膩了，就開始想接下來可以做什麼，這也是品牌會持續改變、持續進步的主要原因。

把很瑣碎的品牌過程分享在這裡，雖然很瑣碎，不過讓大家有個參考。大致上以「通路」的轉變做爲明確的分界點，不一定適合每個業種，但是可以更理解一個品牌大概會經歷哪些。

品牌經營最重要的是長久經營下去，打造體驗工作室，也是希望藉由不斷嘗試、創新，讓品牌持續進步。

Minifeast 創業時間表

<table>
<tr><td rowspan="3">2011</td><td>成立品牌。</td><td>只有經營粉絲專頁。</td></tr>
<tr><td>暑假短暫擺攤兩個月，同時短期任職於金工工作室。</td><td>品牌被動經營著。</td></tr>
<tr><td>接到寄售邀請，開始兩家寄售據點。</td><td>暑期擺攤曝光，開始接到邀請。</td></tr>
<tr><td rowspan="3">2012</td><td>擔任金工工作室兼職金工助理。</td><td>一週打工兩天，同步經營自己的品牌。</td></tr>
<tr><td>2012.6 開始認眞擺攤大約一年 。</td><td>銷售較穩定，網路訂單變多。</td></tr>
<tr><td>年底在手作教室教學金工。</td><td>同步銀飾販售與教學。</td></tr>
<tr><td rowspan="2">2013</td><td>參加誠品肖年頭家夢想市集。</td><td>在敦南誠品連續擺攤七天，之後由小幫手幫忙擺攤。</td></tr>
<tr><td>進駐松菸誠品兩個月。</td><td>因合夥糾紛撤櫃。</td></tr>
<tr><td rowspan="2">2014</td><td>打造第一間工作室，開始常態體驗課程。</td><td rowspan="11">段品牌成長期間，持續推出品牌商品，進行檔期行銷企劃，同時並有不同的合作案、課程、訂製接單，品牌因此慢慢穩定，在市場中找到定位，在 2018 年營業額達到穩定狀態。</td></tr>
<tr><td>再度進駐松菸誠品專櫃。</td></tr>
<tr><td rowspan="2">2015</td><td>進駐信義誠品、勤美誠品。</td></tr>
<tr><td>工作室開始「銀飾設計師培訓班」 。</td></tr>
<tr><td rowspan="2">2016</td><td>進駐京站百貨。</td></tr>
<tr><td>進駐松菸誠品兩個月。</td></tr>
<tr><td>2017</td><td>工作室搬家，從 7 坪小空間擴大成兩層樓。</td></tr>
<tr><td rowspan="4">2018</td><td>品牌形象轉型，轉換成較高單價銀飾品牌。</td></tr>
<tr><td>百貨櫃點全數撤櫃。</td></tr>
<tr><td>工作室第二次搬家，加入更多體驗、專業課程。</td></tr>
<tr><td>線上課程「興趣變副業！打造自己的手作品牌」募資上線。</td></tr>
<tr><td>2019-2020</td><td>Minifeast 開始以「金工課程」爲主要營業項目。我則以「品牌顧問」身份開設不同的工作坊和課程，並進行一對一品牌協助。</td><td></td></tr>
</table>

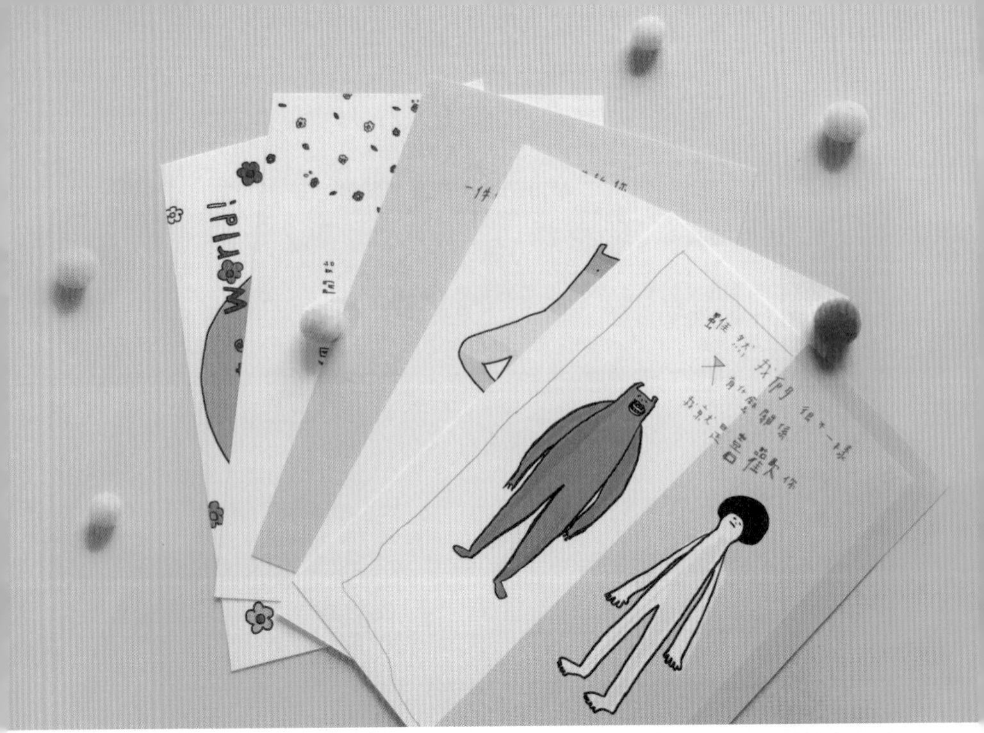

馬卡龍腳趾 - 插畫

在世界每個角落，有著不只是可愛使命的插畫品牌

第一張銷售出去的明信片，是用家裡印表機印出來自己裁切，就這樣用別人一定覺得不專業的方式開始自己的品牌，也這樣一路堅持。完全外行的一個人，憑著圖畫和溫暖人心的文字，打造出一個屬於馬卡龍腳趾的世界。

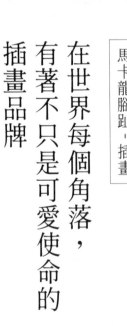

馬卡龍腳趾 DATA ／ · Owner/CHI · 營業項目 / 紙類文具製品、包袋雜貨、衣著服飾 · 創立年份 /2012

相信魔法，相信人會發光，Chi 的顏色也帶有魔力。

創業心法：

心法❶：當個冒險家！先答應再說！一邊闖一邊學習。不要等準備好才出發，我們一輩子沒有一刻是準備好的。

心法❷：這世界看起來很可怕，比自己厲害的人很多，但最厲害的是堅持下去的人。

心法❸：說服別人之前，先過自己這關。打從心底喜歡自己做的每件事、每個決定。

不是本科系畢業，卻可以做一個插畫品牌

Chi 是我妹妹，也是我人生中第一個「推坑」販售自己的作品、成立品牌的人。我們個性很像，做事情很衝動，屬於行動派，也不太思考後果，完全符合「橫衝直撞」四個字。

（右）工作室角落都是這樣寧靜的畫面，看起來不只是印刷品，更是一個個未完成的對話，直到筆記本到新的主人手上，慢慢完整。（左）一疊一疊的明信片放在庫存的抽屜裡，這些明信片都將旅行到各地，成爲不同人之間的故事。

她說「想做什麼就做，因爲沒有什麼好失去的，再怎麼樣都不會比沒做更糟。」我想這也是爲什麼她不是本科系畢業，也沒有電腦繪圖基本技術，卻可以做一個插畫品牌的主要原因。

一次回大溪老家，她找到我一個很久以前的電子畫板，一時興起嘗試用電腦畫畫，這是她接觸電腦繪圖的開端，用的甚至不是專業電腦繪圖軟體，而是電腦內建的「小畫家」。

就這樣以好玩爲出發點，在臉書上放上自己的畫和文字作品，單純享受創作圖文帶來的魅力。那時剛好是我要到創意市集擺攤的時候，就問她要不要畫一些畫，做成明信片放在我的攤位上販售，於是到文具店買了比較厚的紙，用家用印表機，自己印圖、裁切，完成第一批完全手工製作的明信片。

後來我常常跟學員分享這個故事，你眞的不用很「強」才開始品牌和開發商品，只用家用印表機印出的明信片，在很多專業人士眼中也許很荒謬，卻是夢想的開端。

在我的攤位賣出第一張手工明信片爲起點，Chi發現原來自己眞的能做到，可以把自己的畫做成像書店看到的商品那樣，於是她開始尋找可少量印刷的廠商。

前面提到她不是平面設計或插畫本科系出身，這也是品牌經營以來最讓她感覺困難的地方，很多印刷專業不懂，只能邊做邊摸索。

每一次開發新商品，所有環節從零開始，透過一次一次跟廠商溝通，慢慢一點一點累積自己的專業知識。

「我大多是先答應後再去學」遇到各種不同邀約或挑戰，她以直覺決定，而不是分析自己的能力，這樣讓她進步很快，每一次遇到新的專案都像是新的挑戰。

透過作品跟世界上的人產生連結，成爲獨一無二的故事

我問她創立品牌後影響最大是什麼？她馬上回答「不用上班！」除了不用當一般上班族，她說：「這工作每個環節都無法預期，經營品牌八年了，每天還是不一樣，每天都有新的挑戰。」她也透過她的作品跟世界上的人產生連結，一般工作很難做到。

雖然插畫作品不是生活

「聖誕禮物小卡」每年聖誕節也都一定有新的作品。

必需品，但她的插畫作品從明信片開始，累積了很多小故事，這些故事也成爲人與人之間傳遞心裡話的一個媒介。

有一次一個粉絲趕著營業時間結束前，到寄售據點選了一張明信片，因爲要寄去很遠的地方。她才驚覺當她把插畫作品做出來變成實體明信片，就成了不只是貼在工作室的一張紙，而是可以到世界上任何一個角落，成爲完全不同、又獨一無二的故事。

「我不是『毛遂自薦型』的人，我是『你丟我接型』的人。」Chi形容自己是一個工作運很好的人，經營品牌前七年算被動，當然持續還是有新商品創作，但各種合作機會都是自己找上門，「品牌擴張」對她來說非必要，可以跟自己一起慢慢長大。

不過到了第八年，像上好發條一樣，品牌開始迅速擴張，寄售據點以往只在台北，今年擴及了全台；還有各種不同的展覽、快閃店，新增了許多與店家之間的連結；還有一些特別的合作案。「我覺得應該也是因爲多年的累積，讓現在的自己和品牌有足夠的能力可以談各種不同合作。」

不可能的事，在品牌上都可以看到可能的一面

在創業路上讓自己堅持下去的關鍵點，她說「主要是能養活自己」，遇到瓶頸的時候，專心爲品牌想辦法，不花心思在別的可能上。

「不可能的事，在品牌上都可以看到可能的一面，有太多辦法，可以爲自己和品牌堅持下去。」對我來說，她是一個自由的人，除了經營一個插畫品牌，也是一位街舞老師，有自己的舞團。

透過經營品牌，讓她的人生變得更自由，更能實現任何想做的事情，像是她可以每年挑選一個國家，待上一個月，讓自己產出新的創作，也爲了單純感受當地的「生活」。

經營插畫品牌這些年，問她有沒有可以跟新手插畫品牌經營者分享的，她說：現在品牌很

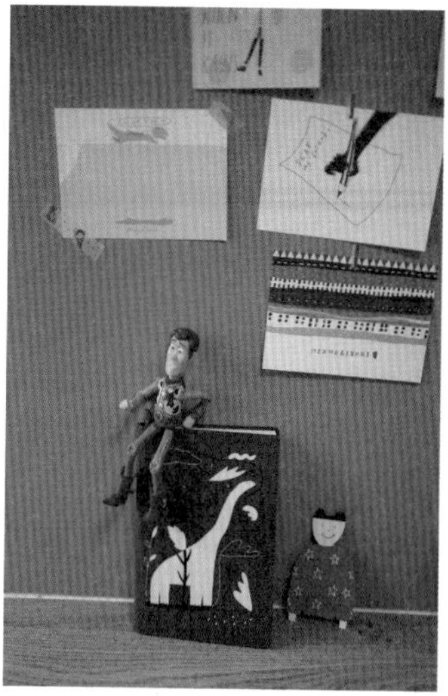

（上）不管是電腦繪圖或手繪，只要可以傳達心裡想說的話都好。（下）Chi 習慣用自己喜歡的方式畫畫，素材從來沒有侷限。

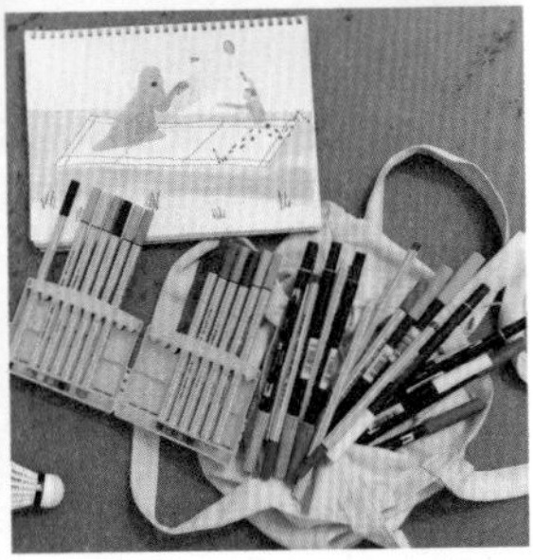

（右上）每一款商品都像自己的孩子，需要很漫長的過程才能產出。（右下）作品天馬行空，靈感常常出現在日常生活。（左）從畫畫到作品設計，重點放在生產出自己也喜歡的東西。

多、很普遍，也很多很平凡，所以一定要找到自己的「不平凡」。

不要害怕開發新的插畫延伸商品，可以創造不同呈現方式，甚至是販售形式。不要懷疑自己的東西，如果自己都懷疑，就感動不了別人；插畫作品想牽動對方的情緒，一定要先過自己心裡的關。

一張張親手繪製出來明信片，最後可能會被寄到
世界上的某個角落，串起屬於某些人的故事。

I,Mini I - 金工

「我與你，既連結亦獨立。」保有最自由的靈魂

怡婷擁有一個身爲水瓶座最自由的靈魂，完全是一位藝術家。透過成立與經營品牌讓她不只身爲一位母親，找到了在生活中屬於自己的定位，也找到了人生中自己的價值，「這是一個很自在的感覺，這也是人生中很精采的故事。」她這樣形容自己創業的旅程。

I,Mini I
DATA

· Owner/ 王怡婷 Sally　· 營業項目 / 金工創作與飾品、教學　· 創立年份 / 2017　· 官網 / www.facebook.com/iminiisilver

I,Mini I 作品材質雖是金屬，卻透露著女人特有的纖細美感。

創業心法：

心法❶：選擇最有興趣、爲此廢寢忘食的事。

心法❷：永遠沒有準備好的一天，今天就是開始的那天。

心法❸：讓過程豐富人生，寫下精彩故事。

一步一步，成爲我第一個成立品牌的學員

怡婷是工作室專業金工課程的學員，那時候我開「銀飾設計師培訓班」剛滿一年，剛好到了差不多感覺「倦怠」的時候，畢竟只要事情上軌道了，我的腦袋就會想做一些新的嘗試。大家的金工銀飾作品很棒、很完整，我開

（右）銀飾作品需細細打磨，要能耐得住性子。儘管如此，怡婷還是最享受創作的時光。
（左）I,Mini I 設計一直對於女人的議題很有興趣。此件馬甲作品，使用冰冷的金屬，加上精細的纍絲裝飾，創作出柔軟的馬甲。以金屬框和精細纍絲展現女人剛強且柔軟的對比。

始「慫恿」學員成立品牌，從商品開發課程、品牌工作坊、包裝工作坊，一步一步，怡婷成爲我第一個成立品牌的學員。

看到她的轉變，是促成我成爲品牌創業顧問的開端，她常常說是被我推著成立品牌的，對我來說更是，看著她的品牌從無到有，一直進步、看到成果、有好的營運成績，讓我得到前所未有的回饋，也是讓我持續一直做這件事的動力。

提到我在她創業路上擔任的角色，她笑著說：「對我來說是『引路人』，像燈塔！」尤其初期像完成作業一樣，一步一步把品牌建立起來，「對我的幫助就是像無形的鞭子吧！」加上完美主義的她對自己滿嚴苛的，扣在一起就形成了一股鞭策的力量。

找到了在生活中屬於自己的定位，也找到了人生中自己的價值

對週遭事物都保持好奇心，靈感來自生活中四面八方，怡婷說自己是一個想做就不會放棄的人。自己的完美主義雖然常常干擾該有的進度，但是對經營品牌來說，卻也成了消費者最好的保障，永遠爲自己的作品和商品負起責任。在創立品牌的過程中，怡婷找到在生活中屬於自己的定位，也找到了人生中自己的價值，「這是一個很自在的感覺，這也是人生中很精采的故事。」她這樣形容自己創業的旅程。

在創立品牌之前，因爲當了很多年全職媽媽，以前的人生總以小孩爲中心，這樣的日子久了，就感覺失去自我，出現很多關於自我認同的難題。創業後不一樣了，我記得有一次我們聊著關於以前品牌從副業開始，媽媽的身分是主要工作，但現在好像交換了。怡婷聊到自己的小孩和品牌，都有眼睛閃閃發亮的感覺，「小花（怡婷的女兒）覺得她的偶像是媽媽。」同時兼任一位母親和一位品牌經營者，這是最好的回饋！

小孩把媽媽努力的樣子、對於不擅長的事想辦法成長的樣子都看在眼裡，成爲最好的「身教」，在自己遇到困難的時候自己也願意學著面對。

每個品牌都有相對困難之處，怡婷說最難的就是時間太少。總是覺得時間不夠用，

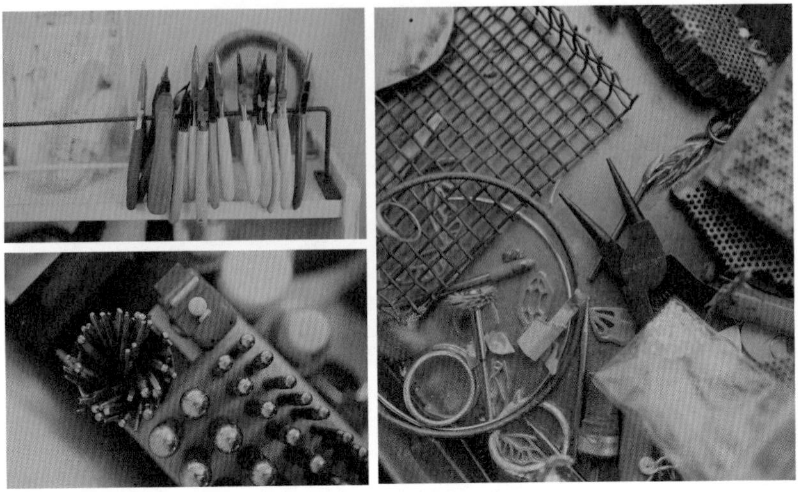

工作室裡各個角落都擺滿工具，也成為獨一無二的美好裝飾。

最現實的限制就是時間到了就要去接小孩下課。

以前工作室在家裡，把衣櫃改造成一個可以關起來的金工桌，後來租了一個小空間，讓自己可以在完全靜下來的狀態專心工作。「除了家以外，一直很想有一個自己的空間，可以自在創作甚至發呆都很舒服的秘密基地。那一年看了彭怡平的《女人的房間》特展，更決心租一個工作室。」於是，在這個房間、怡婷和I,Mini I開始了一起成長的旅程。

採訪前幾天連續下了好幾天雨，連採訪當天都飄著毛毛細雨，但在工作室聊著聊著太陽就出現了！這是一個迷人的小空間，在大大的窗戶旁就是怡婷創作的地方，不時有預約的訪客來到這裡完成自己的手作銀飾。展示桌上擺著怡婷不同時期的創作，每個小角落都有故事。

工作室裡美麗的風景，也成爲自由靈魂人生中的風景

大部分的「金工人」也同時是「工具控」，怡婷也是，得意地拿出從老家找到的骨董夾具和鐵砧，有歲月的工具總是更迷人。工作室裡也有許多機械和工具，大大小小，都是創業路上有盈餘就投資的新工具，這些不只是提供了工具的功能性，也都成爲工作室裡美麗的風景。

「妳有什麼話想對其他初學的金工創作者或品牌經營者說嗎？」最後我問，怡婷靜默許久，「眞的是盡在不言中」最後她提到，創作沒有好壞，找到個人風格是最重要的。在這樣創業的過程中、做作品的過程中，都要能耐得住性子、能忍受不斷失敗的過程（例如焊接的時候），要能調適自己的狀態。

她也提到如果透過理財規劃，讓自己能有非品牌經營而收穫的被動收入，壓力會減少許

（上）【哥哥的小書房／胡桃場景系列】曾有位老師說，書本就像兒子的小拖車，一遇到不舒服的情境，打開門就走進安全的充滿書的秘密基地裡。（下）在老家淘到的骨董夾具和鐵砧，在實用之餘，也散發老件特有的迷人氛圍。

（右）I,Mini I 的品牌謬思，怡婷的孩子 - 睿和小花。（左）品牌名字來自於設計師與女兒之間的情感連結。期望自己在付出教育與養育的過程中，能保有自我，也讓孩子不失去自我。品牌 logo 也以女兒的圖畫作品做延伸去設計。

多。不過我還是提醒她，非品牌的收入記得跟品牌損益分開計算，才不會無形中投入越來越多的資金在品牌上，而沒有讓品牌賺到錢。

水瓶座的她擁有一個非常自由的靈魂，對我來完全是一位藝術家，對於創作或品牌的細節，都有她很堅持的地方。就連這次訪談聊到最後，我們都不確定她未來會不會繼續經營這個品牌，或是她可能會捨去商業化的商品販售，成爲一位創作型的創作者。

這是我覺得很重要的部分，就是品牌是跟人生綁在一起的，所以沒有任何一個品牌經營者可以保證「這個品牌會永久存在」，但是不管轉換成哪種形式，品牌概念都將幫助經營者可以持續做自己喜歡的事情。

工作室窗邊是最舒適的角落，搭配古典溫莎椅，
是怡婷創作作品的主要空間。

洋片 Mama Chips - 布作

一個快時尚與慢手作的人生故事

洋片是女裝設計師出身，因爲兒子出生，開始接觸手作，也一頭栽進手作布作領域。從創立品牌到正式離職，這一路上她越來越相信，創業能讓所有努力成果都收獲在自己身上。洋片持續運用自己累積多年的設計師眼光，挑選好看獨特的布料素材，做出讓親子間可留下美好回憶的物品。

洋片 Mama Chips DATA / ‧Owner／洋片 ‧營業項目／布作商品訂製販售、手作教學 ‧創立年份／2018 ‧官網／mamachips.tw

第一次接觸手作就是從兜兜開始，到現在已經開發許多不一樣的版型

創業心法：

心法❶：找出喜歡且願意嘗試的興趣，從中發掘不同的天賦。

心法❷：永遠沒有準備好的一天，追求完美不如先要求完成進度。

心法❸：當個分享者，眞心幫助他人的同時，路可以走的更長遠。

自己對於作品的堅持，會吸引到一樣在乎細節的客人

在輔導學員創業的過程中，很常遇到一個狀況：學員對透過成本計算出來的定價沒把握。洋片不太一樣，洋片是女裝設計師出身，一頭栽進手作布作的領域，兩個領域看似都跟

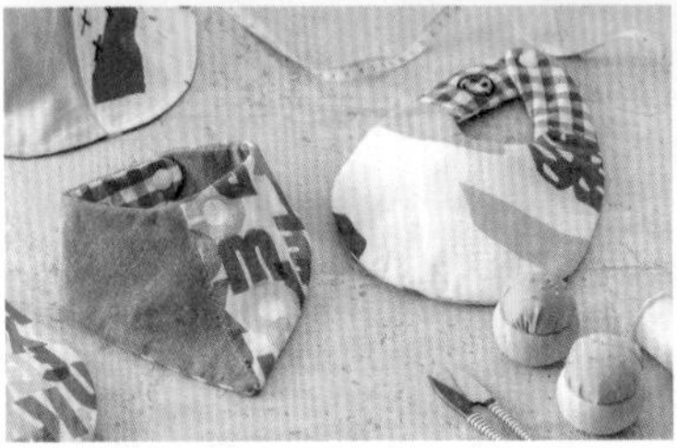

（右）從成衣到手作，洋片很享受選布的過程，更能掌握作品質感。（左）從工具、針插都可以看到洋片選物的美感。（左）從選布到配色，洋片有獨到的設計師眼光，不少客人都指定洋片幫忙配色。

布料類、服裝有連結，卻有截然不同的差異。像是女裝成衣在百貨的定價跟手作服定價差不多，但成本卻差很多，成衣使用的布料遠遠不及手中一塊塊親自挑選的布。總是形容自己非常龜毛的她，對於作品的品質、布料的材質、甚至是圖樣的對花，有非常高的標準。相對地，對於自己作品價格非常有把握。她也深信，對作品的堅持，會吸引一樣在乎細節的客人。

手作商品就好像跟快時尚作出區隔，因爲注重細節，手作商品反而可以用更久。她曾遇過買別家手作童裝的客人，轉而向她求救，就因爲客人知道在她手中，細節和質感都能大大提升，也就不敢再亂買以薄利多銷爲出發點，卻不注重品質與細節的品牌的商品。

因爲兒子 開始享受手作時光

許多人以爲洋片從女裝設計師轉型做手作，相對很理所當然，但開啓手作大門其實是收到友人送給兒子的彌月禮盒。看到裡面的兜兜充滿好奇，甚至把兜兜的縫線拆掉，研究起裡面的版型和材質，才依樣畫葫蘆嘗試完成自己第一件手作品。

手作對洋片來說是一個新的開始，也因爲兒子開始享受這樣的手作時光。現在洋片也與人在台南的大學好友，一位優秀的童裝打版師合作，「藉由她的手可以將我心中理想的設計圖化爲眞實，也發現比起每一樣作品都出自我的手，跟專業人士合作的模式，更能發揮我的專長。」洋片持續運用自己累積多年的設計師眼光，挑選好看獨特的布料素材，做出讓親子間可留下美好回憶的物品。也透過棉麻印花布料等自然素材，製作出能讓穿戴對象覺得時髦、舒適、愉悅的服裝配件及生活小物。

洋片不只對作品很用心，就連包裝也包得像禮物一樣，出貨給客人的小卡上面，也會看到她親手寫的字，貼心提醒商品洗滌保養方式。「客人買手作也是想買感覺」她希望除了商品送到客人手中外，更能得到一種收到禮物的感覺。

離職後，所有努力的成果 都是自己的！

洋片是一個非常知道自己要什麼的人，個性很獨立

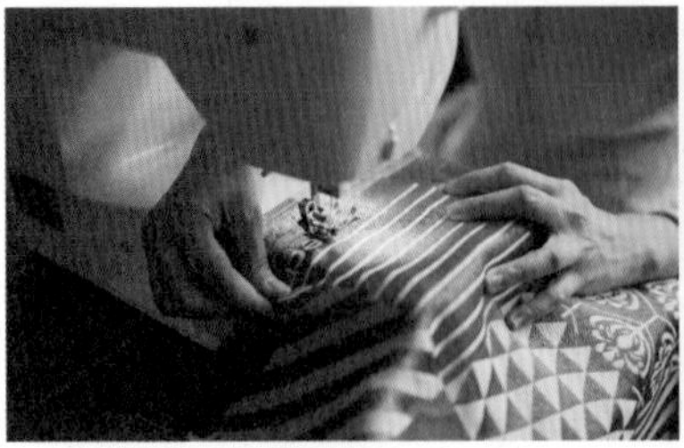

（右）尋找靈感、培養美感的眼光也是很重要的過程。（左）除了自己手作，現在也與優秀的童裝打版師合作，共同實現更多洋片心中的想法。

的她，在先生全力支持下離開做了九年的工作。「離職後，所有努力成果都是自己的！全心全意經營品牌後也有更多成長。」雖然創業需要能跟自己獨處，跟以前在公司上班不一樣，沒有別人建議，也沒人可以討論，很多事要自己評估下決定。到現在她反而會跟身邊朋友分享，公司不該是人生的全部，這也是她創業之前從沒想過的。

是什麼讓自己一直堅持下去的呢？除了彈性的人生、彈性的生活之外，工作非常開心，可以每個月固定安排進修、學習，甚至放鬆一個人看場電影的行程。尤其如果小朋友生病也能掌握工作進度，把家人放在第一順位，這是和以前身爲受雇於公司的女裝設計師最大的差別。她笑著說：「以前加薪加個兩千元就不錯了，現在全職經營自己的品牌，很認真經營，收益比想像中還高！」當然最重要的還有客人的回饋，有人買自己的作品就是最大的肯定。

洋片在自己摸索成立品牌的過程，剛好接觸到我的品牌創業線上課程，也參加了課後線下的練習作夢工作坊、包裝工作坊，還有主題的聊天課，一直到跟著報名我幫學員品牌舉辦的聖誕市集，就順道完成了自己的logo、商品還有品牌介紹的明信片小卡。「我覺得老師妳是一個很成熟的人，思考邏輯很清楚，給的建議也很中肯、很直接！」我常常感覺跟學員的相處都讓我自己也成長很多，我們在討論創業與經營時也常提到「分享」的概念，洋片提到她還有一個願景：「希望與更多居家工作創業的女性合作，讓彼此發揮所長，有更多交流與相互學習。」然後讓大眾了解手作與獨立品牌存在的意義與獨特性。

採訪最後，看到洋片寫給兒子的一張小卡，小卡上寫著「謝謝我的寶貝宥喆來到這個世界，因爲有你，才讓媽媽走出自己的路，過著夢想中的彈性人生，所有發生的一切都是最好的安排，永遠愛你。」瞬間感受到蘊含在品牌中，洋片身爲一位母親滿滿的愛。

（上）爲孩子設計的雙面斗篷，是一款無領斗篷結合領片與圍巾兩種配件，可打造出十種搭配的萬能斗篷。
（下）收集配件也是許多布作創作者最有樂趣的事，總能帶來更多靈感。

Melon 製作所 - 袖珍

以最適合自己的步調，打造令人著迷的小小世界

對各類型手作都很感興趣的 Melon，接觸袖珍之後發現袖珍的領域幾乎集合了所有手作的類型，不管是黏土、紙張、木工或金屬加工，好像想做的事都可以透過袖珍工藝實現。透過成立品牌，讓自己更能兼顧家庭與事業，「做著自己喜歡的事情的人，都有在發光的感覺！」Melon 的眼神也閃閃發光。

Melon DATA

・Owner/Melon　・營業項目 / 袖珍創作。各種形式的小物件創作、教學課程及訂製　・創立年份 /2018　・官網 / facebook.com/melon13.studio

袖珍物件很迷你，常常需要鑷子輔助。

創業心法：

心法❶：時刻充實自己，接觸各方面資訊，除了增加經營品牌知識，有時會有意想不到的獲得。

心法❷：創業路上尋找一起前進的夥伴，不一定是同樣類型創作者，但品牌經營互相交流與打氣，會有很大幫助。

心法❸：適時休息。找到一個最適合自己的步調。

在這個小空間裡，創造出各式各樣迷你的世界

Melon 的工作室就在家裡的其中一個房間，似乎也是採光最好的房間，大大的落地窗旁，陽光足以撒滿整個空間，甚至不用開燈就

（右）製作過程中需進行大量調色作業，所以創作者對色彩要很有敏感度。（左）這是 Melon 主要的創作空間，製作的空間不需要很大，但需要各種素材和工具。

很明亮。讓我想起自己的金工桌也擺在床旁邊那段在家工作的日子。雖說創業後不用打卡上下班，但除了沒有固定上班時間，更沒有感覺下班的時候，每一個平凡的日子都需要自己給自己功課，沒有別人（像是老闆）會給自己進度。

Melon 笑說自己的工作室很凌亂，但我覺得這才有工作室眞正的樣子，以袖珍爲主要手作項目更是，需要比其他手作同時進行更多不同材質，當然就有不同的工具和材料。

櫃子上一個一個塑膠盒裡有各種主題的作品，一排一排的顏料、一袋一袋零散的材料，讓她可以在這個小空間裡，創造出各式各樣迷你的世界。

說起品牌創立初衷，Melon 說當初離職主要是爲了可以接送小孩，也給自己兩年的時間把品牌做到穩定，想著這樣兒子上小學的時候就不用去安親班上課。這樣陪伴的念頭是媽媽最大的溫柔，沒想到也就因爲這樣，小孩成爲創業成立品牌的推力。

「面對喜歡的事物，做起來就不覺得辛苦。」雖然還是有感覺疲憊的時刻，「但眞的不會有不爽快的感覺！」她笑著強調這句話。以往對各類型手作都很感興趣的她，接觸袖珍之後發現袖珍的領域幾乎集合了所有手作的類型，不管是黏土、紙張、木工或是金屬加工，好像想做的事情都可以透過袖珍工藝來實現。

工作室的桌上擺滿了各種仿眞的袖珍甜點、麵包、多肉植物、乾燥花等等，還有許多迷你場景的作品，每一件作品都要很有耐心慢慢完成。

開發與測試的過程也是很令人享受的環節，袖珍沒有標準答案，每個人都可以透過自己的演繹去呈現縮小的完成品，這也是每一位袖珍創作者最有價值的地方。

「做著自己喜歡的事情的人，都有在發光的感覺！」

「人眞的要找到自己想做的事」是創立品牌後最深刻的感受，連同看到朋友找到喜歡的事情也都跟著開心，也支持先生離職追尋自己的夢想，「我總覺得做著自己喜歡的

各種不同樣式的麵包和甜點是 Melon 很喜歡的主題，不管是鹹的、甜的都難不倒她。

事情的人，都有在發光的感覺！」相反的，對於很多人嘴巴上說著不喜歡當下的生活，卻沒有任何嘗試或突破，感性的她都會感覺到彷彿是生命力在消逝。

離職前就有在教學袖珍的課程，Melon 是先創立了品牌，後來才報名我的品牌創業線上課程。「當初感覺品牌沒有起色，自己沒有找到方法，光是訂價就讓自己卡很久！」雖然線上課程有時候並不會給予一個明確答案，像是訂價並沒有一個可以直接套用在所有產業的公式，但是透過課程、工作坊、繳交一頁企劃書的作業，都讓自己更有方向。

感覺自己已經很習慣自由業的狀態不太可能回去上班，讓 Melon 在經營品牌的每一步都只能往前走，想著一旦放棄，以前的努力都白費了，加上先生的支持，讓她在創業路上越走越穩。

「當初妳比較算是先離職再來創業，如果再來一次妳會怎麼選呢？」Melon 覺得如果是給別人建議，最好是品牌經營到一個程度再離職比較好，需要仔細評估，會不會因爲好一陣子沒有收入，造成負面影響，不管是實際面或是心理層面的影響。

不管如何開始，對 Melon 來說訂出目標和計劃是關鍵，知道自己在做什麼，而不是只靠運氣。「前兩年光悶著頭做，後來才發現持續進修很重要」她很認真，什麼都聽什麼都學，不管是付費課程或是線上免費資源、各種手作課程等等，對她來說都是在「投資自己」。

過程中也找到一起努力的同伴，大家各自經營自己的品牌，卻能互相給予建議和幫助，大家一起成長。

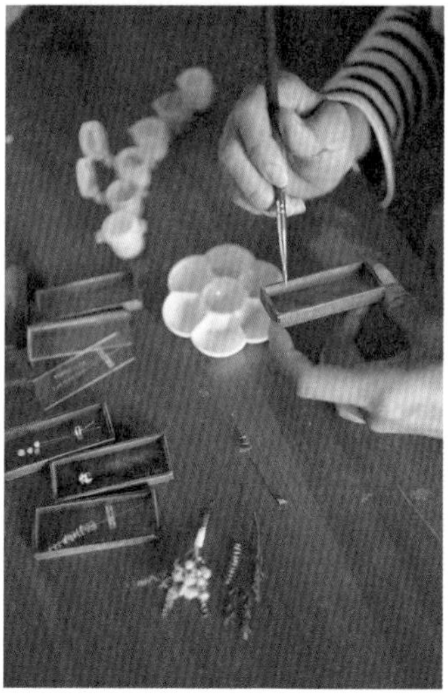

沉浸在製作過程中是最棒的創作時光，自己獨立開發出不同的袖珍物件，是最有挑戰性的地方。

看似簡單的袖珍乾燥花，其實是藉由 Melon 巧手製作，過程需極具耐心與細心才能完成。

自己創業非常有趣，有種回不去的感覺

Melon 成爲我擔任顧問輔導的品牌之一，合作的一年當中除了營業額進步之外，也感覺到她的思考和自信都有很棒的成長。

她提到「我是一個不知道如何做品牌規劃的人，參與創業課程後，老師從一開始的營業額計畫擬定、到後續大大小小問題解決，讓我可以更全面了解品牌經營方法。這種有規劃，又以一種輕鬆心態經營的感覺，是今年最大的收穫。」

「走過經營品牌三個年頭，從前面的摸索、跌跌撞撞，到今年好像抓到感覺了，一切狀態都不斷的變動。會有開心的時候、也曾經感到沮喪，但這些並不會讓我感覺痛苦，大概就是因爲正在做著自己喜歡的事情。」她笑著回顧著「自己創業非常有趣，有種回不去的感覺，只想一路走下去，把所有好玩的東西都拿來試試看，順應心理的直覺一直走一直走，然後看看自己還能創造出什麼。」

可以自由沉浸在迷你世界，Melon 認爲是非常幸福的一件事。

小資 CEO 創業必修課
低風險、高幸福感致富術，興趣也能成為獲利事業

2021 年 3 月 1 日初版第一刷發行

作　　者　張譯蓁
編　　輯　王玉瑤
封面．版型設計　謝小捲
特約美編　梁淑娟
發 行 人　南部裕
發 行 所　台灣東販股份有限公司
＜地址＞台北市南京東路 4 段 130 號 2F-1
＜電話＞ (02)2577-8878
＜傳真＞ (02)2577-8896
＜網址＞ http://www.tohan.com.tw
郵撥帳號　1405049-4
法律顧問　蕭雄淋律師
總 經 銷　聯合發行股份有限公司
＜電話＞ (02)2917-8022

小資 CEO 創業必修課：低風險、高幸福感致富術，興趣也能成爲獲利事業 / 張譯蓁作 , -- 初版 . -- 臺北市：臺灣東販股份有限公司 , 2021.03
160 面；14.7×21 公分
ISBN 978-986-511-619-4 (平裝)

1. 創業 2. 職場成功法

494.1　　110000803